潮湿细粒煤的团聚与解聚机制和气流分级研究

焦　杨　赵啦啦　著

U0338256

中国矿业大学出版社
·徐州·

图书在版编目(C I P)数据

潮湿细粒煤的团聚与解聚机制和气流分级研究 / 焦杨,赵啦啦著. —徐州:中国矿业大学出版社,2019.9
 ISBN 978 - 7 - 5646 - 4524 - 3

Ⅰ.①潮… Ⅱ.①焦…②赵… Ⅲ.①煤－转化－研究 Ⅳ.①TQ530.2

中国版本图书馆 CIP 数据核字(2019)第 153912 号

书　　名	潮湿细粒煤的团聚与解聚机制和气流分级研究
著　　者	焦　杨　　赵啦啦
责任编辑	张　岩
出版发行	中国矿业大学出版社有限责任公司
	(江苏省徐州市解放南路　邮编 221008)
营销热线	(0516)83884103　83885105
出版服务	(0516)83995789　83884920
网　　址	http://www.cumtp.com　E-mail:cumtpvip@cumtp.com
印　　刷	江苏凤凰数码印务有限公司
开　　本	880 mm×1230 mm　1/32　印张 5.75　字数 149 千字
版次印次	2019 年 9 月第 1 版　2019 年 9 月第 1 次印刷
定　　价	28.00 元

(图书出现印装质量问题,本社负责调换)

前　言

采煤机械化的发展使原煤中粉煤大量增加,煤层渗水、井下防尘喷水和管理不善等原因造成开采出的原煤外在水分达7%~14%。湿黏的原煤聚集成团,给后续的分级作业带来极大困难。为提高湿煤的分级效率,迫切需要从理论和实验角度对气流分级中潮湿细粒煤的团聚和解聚机理进行深入研究。

本书先对气流分级中潮湿细粒煤的受力进行了分析和量级计算,从力学角度对煤的团聚和解聚问题给予解释。计算表明:在气流分级中,静态液桥力是使潮湿颗粒团聚的主要作用力,曳力和碰撞力可促使聚团解聚。脱粉难的原因不仅和力随颗粒粒径的变化有关,还与团聚颗粒间的粒径比有关。

本书建立了颗粒团聚的统计自相似分形模型,利用团聚体的数量-粒径分形维数来表征团聚强弱,通过团聚实验研究细粒煤的外水含量、初级粒径和密度对团聚的影响。研究发现:潮湿细煤的团聚具有较强的分形特征,分形维数越小,团聚越强。分形维数随着湿煤外水含量的增加而变小,随着密度的增加先减小后略增,一般在密度为 $1.6\sim1.8~\mathrm{g/cm^3}$ 时最小。分形维数随着细粒煤初级粒径的增大而快速增加。

通过高速动态摄像仪拍摄了湿煤聚团在不同条件下的碰撞解聚行为;借助于图像分析技术,研究了不同的碰撞条件对聚团解聚效果的影响。研究发现:聚团的碰撞解聚呈现出碰撞式、重力-碰撞式和剪切-碰撞式三种解聚模式。碰撞对聚团的解聚效果随着黏附细粒煤粒径的增加而变好;随着碰撞板倾角的增加,碰撞中的聚团的质量损失减小但碎片的分散性变好;碰撞板的表面凹凸形态对聚团质量损失影响并不明显,对碎片的分散影响较显著。

利用离散单元法和液桥理论,从细观上分析了两颗粒湿聚团碰撞分离的物理过程,从动力学角度研究了两颗粒湿聚团的分离条件和影响因素。用颗粒流软件 PFC 对多颗粒包衣结构聚团的碰撞解聚进行了数值仿真。研究发现:湿聚团的碰撞分离过程经历聚团与壁面的碰撞、聚团内颗粒间的接触碰撞以及液桥的拉伸断裂三个阶段。当颗粒间的最大分离距离大于液桥的断裂距离时,液桥发生断裂,湿颗粒得以分离。对湿颗粒的分离起决定性作用的是法向速度,水分的增加使液桥难以断裂。包衣结构湿聚团内部液桥的断裂由碰撞点向外、由底部向上、由内层向外逐渐扩展,经历了缓慢破裂、快速破裂和完全破裂三个阶段。碰撞速度越大、颗粒重力越大、黏结强度越小、大颗粒的转速越高,聚团的解聚越快且解聚程度越高。

为优化分级设备,本书利用流体力学软件 Fluent 对四种内部结构的分级机进行了气固两相流模拟。结果表明:分级机内增设导流板能增强流场、提高压差、分割湍流、增强碰撞,有利于颗粒分散和中等粒径聚团解聚。最后,对增设导流板后的分级机进行了潮湿细粒煤的分级实验。实验表明:对外水含量在 9.94％～11.96％范围内、粒度为 2～3.5 mm 的细粒煤分级时,设置导流板可使分级效率有一定提高;在入料水分较低和较高时设置导流板对分级效率影响不大。

著 者

2019 年 3 月

目　　录

1 绪   论

1.1 引言

20 世纪 70 年代至 90 年代,中国煤炭一直占一次能源消费的 75％左右。20 世纪 90 年代以来,国家采取政策积极调整能源结构,使煤炭消费所占比重到 2000 年下降到 68％。但我国现有的常规能源探明储量中,煤炭占 90％以上,因此,目前和今后我国的能源消费结构可能仍将是以煤炭为主[1]。

对于动力煤分选,国内外大都采用选块不选末的原则流程,入选粒度一般为 13 mm。但是随着采煤机械化的发展,原煤中粉煤含量增加,煤质下降,许多动力用煤远远达不到环保要求,必须进行洗选。一般而言,粒度越细,处理工艺也越复杂,其分选和脱水的费用越高。如果能在原煤入选前将细粒部分预先有效地分离,可吸收更多的动力煤入选,大幅度降低动力煤洗选的成本,提高企业的经济效益。

在煤炭加工领域现在主要采用筛分法和干法气流分级方法使原煤脱粉(煤泥减量),6 mm 以上的分级筛分技术已经比较成熟。随着采煤机械化程度的提高,煤粉量不断增加,加上煤层渗水,井下防尘喷水和管理不善等原因常常造成开采出来的原煤外在水分在 7％～12％,有些矿区原煤水分已达到 14％[2]。这些湿黏的原煤给分级作业带来极大困难。在筛分作业中,这些潮湿煤炭在水分和黏土的作用下,黏结成团或附着在筛面上,使筛面的有效筛分面积降低,导致筛分效率低下、筛分过程恶化[3]。当外在水分达到

7%～14%时,一般振动筛已很难完成 6 mm 或 3 mm 的筛分任务[4]。气流分级技术没有筛网,不存在筛孔堵塞问题,但这些潮湿细颗粒煤与黏性物料互相黏结成团,使得分级不能有效进行,尤其对于小于 3 mm 或者更细的分级,更加困难,分级效果更差[5]。对潮湿煤炭气流分级的实验表明,若煤炭外在水分由 6% 增加到 10%,总分级效率会由 82.92% 下降到 77.02%,分级精度由 0.61 下降到 0.57[6-8]。为解决这些问题,世界各煤炭生产大国都进行了广泛研究,针对潮湿细颗粒煤的分级设计出多种不同类型的分级设备,但潮湿物料的分级仍然面临很大困难。

潮湿细颗粒煤的气流分级问题其科学实质就是气流中黏性颗粒的团聚与解聚问题,颗粒聚团与解聚是颗粒团内部粒间力和气固液相互作用力共同作用的结果,特别是颗粒间的诸多短程和长程作用力,随着颗粒尺度的减小而变得越来越重要,这些力在什么样的条件下支配和影响颗粒的成团特性,团聚形成怎样的形态,何种作用下可使聚团解聚,聚团如何解聚,与外部气流的冲击作用又是怎样的关系,都迫切需要从理论和实验的角度加以深入的研究,从而从根本上揭示气流分级中潮湿细颗粒煤的团聚和解聚的物理机理。由于潮湿细粒黏性物料的分级是工业面临的一个难题,因而深入研究其团聚和解聚机理,对于实现潮湿细粒煤的分级具有重要的理论意义和应用价值。

1.2　课题的研究现状

散体或颗粒材料在自然界和工程中极普遍,颗粒技术在岩土、矿冶、农业、食品、化工、制药和环境等领域有广泛应用,涉及分选、凝聚、混合、装填和压制、推铲、储运、粉碎、爆破、流态化等工业工艺流程。

颗粒按其粒径有粗、细颗粒之分,但不同的行业中粗、细颗粒划分并不一致。胡荣泽[9]按照粒径大小将颗粒分成粗颗粒、细颗粒、亚超细颗粒、超细颗粒。粒径大于 1 mm 的颗粒称为粗颗粒；粒径在 10 μm～1 mm 的称为细颗粒或粉末；粒径在 0.1～10 μm 的称为亚超细颗粒；粒径在 1～100 nm 的颗粒称为超细颗粒，又叫纳米颗粒。Brown 等[10]将颗粒分为粉状物料和粒状物料：粒径大于 10 μm 的颗粒称为粒状物料，粒径小于 10 μm 的颗粒称为粉状物料（粉料），其中粒径在 0.1～1.0 μm 的粉料又称为极细粉料，粒径在 1～10 μm 的粉料称为超细粉料。

根据颗粒的流化行为，Geldart[11]将颗粒分成 A、B、C、D 四大类，分别称为充气、砂状、黏性和喷流颗粒。A 类颗粒：具有较小的粒径和密度，床层产生气泡前先膨胀，存在均一流化区，且膨胀比较大。B 类颗粒：表观气速稍大于起始流化速度，床层即产生气泡，床层膨胀比小，床层塌落速度快。C 类颗粒：粒子间引力较大，吸附力大于流体作用于粒子上的力，易于结块，在通常条件下很难流化，床层节涌和沟流严重。D 类颗粒：这类颗粒一般不能稳定流化，只能喷动流化。由于 Geldart 仅仅根据粉粒体的平均粒径和密度划分，不能完全表征所有物料的流化特性，因此，在 A 类与 B 类，A 类与 C 类，B 类与 D 类分界处有重叠[12-16]。

按颗粒物质中的相组成和相结构，颗粒物质还可分为干颗粒、颗粒两相流、气-液-固多相流以及密相颗粒和填隙液体组成的湿颗粒群，其力学特征可概括为"散"和"动"，前者指颗粒物性、粒度和形状的分散性，后者指运动的瞬态、波动、碰撞、颗粒凝聚以及聚团的破裂、破碎等。

颗粒团聚形成的聚团，一般可分成三种类型[17-18]：(1)无黏颗粒聚团——由微观作用力而使颗粒聚集所形成的系统，典型的微观作用力为范德华力；(2)固化颗粒聚团——由固桥作用使组成颗粒聚集形成的聚团；(3)潮湿颗粒聚团——聚团中包含某些液体。由于组成颗粒间的作用力不同，这三种聚团在相同的冲击条件下呈现出不同的破碎模式[19]，如图 1-1 所示。

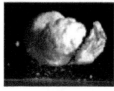

（a）无黏颗粒聚团

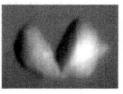

（b）固化颗粒聚团

（c）潮湿颗粒聚团

图 1-1　3 种聚团的破碎模式

　　本书的研究对象为潮湿细粒煤，属湿颗粒体系。湿颗粒聚团是密相颗粒-填隙流体的混合结构，流体呈液桥状或浸渍态黏附于颗粒之间，如湿土、泥浆和冰淇淋等。它既不同于干颗粒群，又不同于显性流动的二相流。与干颗粒体系相比，湿颗粒的物理性质有着很大的不同，如流动性更好，易于黏结成团等。

　　水在细颗粒中通常以分子水和自由水两种状态赋存[20-21]。任何固体颗粒的表面都带有一定符号的电荷（大多带负电荷），会在固体颗粒附近的空间形成电场。在电场范围内水分子被极化而吸附于固体颗粒表面。它与固体颗粒之间结合很紧，形成固体颗粒的水膜，这部分水称为分子水或吸附水。分子水膜的吸附力也称为水的分子力，分子力很大，致使重力不能使这部分水发生移动，因此分子水不可能参与水流，也不传导静压力，去除方式主要靠蒸发。自由水又可分为毛细水与重力水。当颗粒间的空隙较小相当于毛细管时，这部分空隙间的含水称为毛细水。毛细管弯曲的液面对毛细管壁的反作用力可使固体颗粒发生挤紧作用。由毛细管引起的作用力称为毛细压力，毛细压力的存在，可使固体颗粒间表现出黏结力（主要表现为潮湿充填料的内摩擦角大于干燥充填料的内摩擦角，甚至产生暂时的直立壁坡）。当充填料变为干燥或饱和水的状态时，毛细压力即消失。毛细水可以传导静压力,并在水压影响下移动。重力水存在于充填料固体颗粒间的较大的孔隙中,它具有一般水的通性,在重力作用下呈渗透状态移动。

根据自由水的存在量的不同,水在颗粒集合体空隙内以摆动、链索、毛细管或浸渍状态分布[22],如图 1-2 所示。

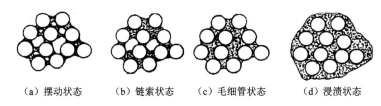

(a)摆动状态　　（b）链索状态　　（c）毛细管状态　　（d）浸渍状态

图 1-2　颗粒间液相的分布状态

（a）摆动状态　颗粒接触点上存在透镜状或环状的液相,液相互不连接。

（b）链索状态　随着液体量的增多,摆动状态下的液相环长大,颗粒间空隙中的液相相互连接而成网状组织,空气则分布其间。

（c）毛细管状态　颗粒间的所有空隙全被液体充满,仅在颗粒层的表面存在气液界面。

（d）浸渍状态　颗粒群浸在液体中,存在自由液面。

陈惜明、赵跃民[23]的研究表明,原煤外在水分在 7% ~ 14% 时,水在煤颗粒空隙间主要以摆动状态存在,而摆动状态下,颗粒之间的水分分布为不连续的液桥。

1.2.1　颗粒团聚的研究现状

团聚是指颗粒在制备、存放、分离、处理过程中,分散的颗粒通过物理或化学作用相互结合成由多个颗粒形成的较大颗粒团簇的现象[24-25]。颗粒之间有自发团聚的趋势。从热力学的角度看,固体材料在机械加工、粉碎过程中,吸收了大量的机械能和热能,使得新生粒子的颗粒表面具有相当高的表面能,体系处于相对不稳定的热力学状态,粒子之间有自发聚集以降低系统能的自由焓,这是一种自发过程,不可避免。此外,固体的微细化过程中,小粒子的内部结合力、晶格不断被破坏,颗粒表面形成许多悬键和不饱和键,使颗粒的表面活性不断增加,粒子处于不稳定状态,往往通过团聚周围的颗粒来达到稳定状态,并随着颗粒粒径变小,团聚变得严重。

1.2.1.1 团聚机理

团聚按照其形成的原因,可分为软团聚和硬团聚[26-27]。目前,研究者们对于软团聚的成因解释基本一致[28-33],认为软团聚是由颗粒表面的原子、分子之间的范德华力、静电力、库仑力、液体桥力综合导致的[34-35]。其中,范德华力是干燥粉体颗粒团聚的根本原因,静电力是造成粉体颗粒特别是超细粉体团聚的重要因素[36-37]。当空气的相对湿度过大时,水蒸气在颗粒表面及颗粒间聚集,可增大颗粒间的黏聚力[38-40],促使颗粒团聚。软团聚可以通过一些化学的作用或施加机械能的方式来消除。

经典的 DLVO 理论[41]常用来解释液相反应阶段产生的软团聚。图 1-3 为胶体体系中分散相颗粒间相互作用能曲线。当颗粒相互接近时,吸引势能迅速增大,而排斥势能的变化稍慢,总势能曲线存在一个最大值,它构成了能量势垒。布朗运动和振动驱使固体微粒相互接近,若微粒有足够的动能克服这一能量势垒,则颗粒间可形成软团聚[42]。

导致硬团聚的原因除了原子、分子间的静电力和库仑力以外,还包括固体桥力、化学键作用力以及氢键作用力等[43-46],因此硬团聚体不易被破坏。到目前为止,对硬团聚的形成原因还没有一个统一的看法,不同化学组成、不同制备方法时有不同的团聚机理,无法用一个统一的理论来解释[47-48]。常用于解释硬团聚行为的有毛细管吸附理论[49]、氢键理论[50]、晶桥理论[51]、表面原子扩散键合机理[52]等。

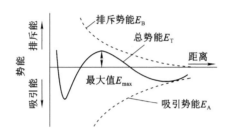

图 1-3　颗粒间相互作用能曲线

David,Nore 和 Shi 等[53-55]认为颗粒的团聚过程是由碰撞、黏附和搭桥固化 3 个连续的基本步骤组成的。碰撞和黏附一般发生在液相阶段,而搭桥固化发生在随后的干燥或煅烧过程中。在外力作用下颗粒之间发生碰撞后黏附在一起形成团聚体。在黏附粒子的接口缝隙处,固相的曲率半径为负值,该处的溶解度比平面固相的溶解度小,两个颗粒接触的缝隙处的小粒子易于溶解,形成"晶颈"。

刘志强等[56]认为在干燥过程中自由水的脱除使毛细管收缩,从而使颗粒接触紧密。颗粒表面的自由水与颗粒之间由于氢键作用而使颗粒结合得更加紧密,随着水的进一步脱除使得相邻胶粒的非架桥羟基自发转变为架桥羟基,并将凝胶中的部分结构配位水排除,从而形成硬团聚。

在实际中,各种团聚机制相互糅合、共同作用。在不同的条件下,占主导作用的团聚机理不同,需要具体情况具体分析。

1.2.1.2　团聚的表征

团聚体性质分为几何性质和物理性质两类。几何性质指团聚体的尺寸、形状、分布及含量,除此以外还包括团聚体内的气孔率、气孔尺寸和分布等。物理性质指团聚体的密度、内部显微结构、团聚体内一次颗粒间的键合性质、团聚体的强度等[57]。实际应用中,人们常用团聚体的尺寸和强度表征团聚的强弱,团聚体的尺寸越大,团聚体的强度越大,团聚就越强[58]。

值得一提的是,近年来,越来越多的研究者在团聚的研究中引入分形理论,利用分形维数来表征颗粒物或颗粒团聚体的粒度分布[59]、吸附能力[60]、沉积动力学[61]以及团聚体的比表面积[62]、质量分数[63]、团聚速率[64]等物理、化学性质,特别是在土壤研究领域,尤为活跃。

分形是对那些没有特征尺度而又具有相似性的图形、构造及现象的总称[65-66]。它反映了自然界中广泛存在的一种基本属性,即局部与局部、局部与整体在形态、功能、信息与时间上的自相似性[67-68]。它从自然几何学入手,理论认定分形体内任何一个相对独立的部分(分形元或生成元),在一定程度上都是整体的再现和缩影[69-70]。

自然界许多固体物质都是以颗粒群状态存在的,典型的造粒过程通常产生几何自相似的颗粒体系,颗粒体系总是以某种近乎连续的粒度分布而存在。研究表明:颗粒粒径、颗粒表面积、颗粒体积等具有自相似性[71-73]。

Turcotte[74]根据分形的概念提出颗粒数量-粒径的分形模型:

$$N(r>R) = CR^{-D} \tag{1-1}$$

式中,$N(r>R)$为粒径大于R的颗粒数量。D为颗粒数量-粒径分布分形维数。$C=(3-D)/(DK_vLR^{-D})$,为常数,其中K_v为颗粒体积形状因子;L为所考虑的颗粒体的总尺度。

Tyler等[75]在假设颗粒密度相同的条件下,推导出颗粒质量-粒径分布的分形模型为:

$$\frac{M(r \geqslant R)}{M_T} = \left(\frac{R}{R_L}\right)^{3-D} \tag{1-2}$$

式中，$M(r < R)$ 为粒径小于 R 的颗粒质量；M_T 为颗粒总质量；R_L 为最大颗粒粒径。

Mandelbrot[76]建立了颗粒面积分形模型：

$$A(r > R) = C_\alpha \left[1 - \left(\frac{R}{\lambda_\alpha}\right)^{2-D}\right] \tag{1-3}$$

式中，$A(r > R)$ 是粒径大于 R 的颗粒面积；C_α、λ_α 是描述颗粒形状和尺寸的常量；R 为颗粒尺寸；D 为分形维数。

王国梁等[77]利用颗粒粒径分布密度函数 $f(R)$ 得到粒径小于 R 的颗粒体积 $V(r \leqslant R)$，进行简单变形后得到颗粒体积分形模型：

$$\frac{V(r \geqslant R)}{V_O} = \left(\frac{R}{R_{max}}\right)^{3-D} \tag{1-4}$$

式中，V_O 为颗粒总体积，R_{max} 为最大颗粒粒径。

实验中通过筛分或应用计算机图像技术可获得颗粒数量-粒径分布，利用激光粒度分析仪等获得颗粒体积-粒径分布后，即可进行相关分形维数的计算[78-80]。

Millan 和 Orellana[81]对 0～10 cm，10～20 cm 和 20～40 cm 深度范围内自然状态下的膨胀土取样，筛分后获取了粒径从 0.25 ～0.5 mm 到 7.0～10.0 mm 范围内 7 个粒级的颗粒，测量了团聚体的体积密度，并用分形理论进行研究。研究发现：分形维数与土壤深度无关，3 个土壤深度下的团聚体具有相同的分形维数，单位深度下的团聚体的密度可用于描述土壤的压实度。

Diaz-Zorita 等[82]筛分了野外采集的土基破碎后的土壤颗粒，研究了土壤颗粒的粒度分布和强度，利用分形理论建立了施加机械力前后的土壤聚团粒径分布模型，定量地描述了为获得一定的土壤颗粒粒径分布所需施加力的条件。

Carvalho 等[83]对取自 0～10 cm 深处的黏质土壤，用分形理论研究了土壤的团聚，建立了土壤颗粒粒径分布的分形模型，得到了土壤团聚体的质量-粒径分布分形维数,研究表明土壤团聚体的质量-粒径分形维数是描述土壤聚团的有效方法。

李琰[84]以不同母岩发育紫色土为研究对象,利用分形维数计算公式计算紫色土团聚体分布及分形维数,对其团聚体组成特性和分形特征进行研究,发现土地利用方式不同也会导致土壤团聚体的分形维数产生较大变化。

Chang 等[85]利用分形理论研究了胶结材料断裂面的粗糙度,用一系列实验验证团聚体的分形维数与加载率相关,分形维数随着最大团聚体的粒径的增加而增加,并且在考虑团聚体粒径和形状的条件下,建立了新的分形模型,该模型可用于估算复合体的团聚问题。

Gregory[86]采用光散射法,研究了示踪颗粒的团聚过程并用分形理论做了讨论。研究表明:在某些条件下,颗粒的团聚概率可达100%,团聚体的尺寸、强度等分布可通过分形维数表征。

郑世琴等[87]结合前人的研究成果,利用分形几何学理论建立新的团聚模型,精确地模拟煤飞灰微粒在声场中的团聚机理,并通过实验加以验证。实验结果表明:团聚后的煤飞灰微粒具有自相似特征,把分形理论应用于颗粒团聚的数学模型中,可使煤飞灰微粒在声场中团聚的数学模拟有较高的精度。

邵雷霆等[88]利用计算机模拟研究了 3 种简单立方网格上的三维分形团聚体的团聚过程,并对团聚体在简单剪切流场中的分散规律进行了研究。结果表明:团聚体在简单剪切场作用下的分散与其团聚机理和分形维数有关。

综上所述,分形维数的大小不仅可表征聚团粒径分布的复杂程度,而且与聚团的相关物理、化学特性之间存在着密切的关系[89-93]。分形理论目前在颗粒领域的应用主要以岩石、土壤、泥沙、大气颗粒物及地表灰尘等为研究对象,对团聚现象的研究集中在土壤、泥沙、胶体和纳米材料方面,利用分形理论研究煤颗粒的团聚还很少。通过借鉴土壤团聚的研究方法,用分形理论研究湿煤的团聚问题,将有很多工作可做。

1.2.1.3 团聚的实验研究

到目前为止,人们对湿颗粒团聚过程的理解较为贫乏,通过对大量工业制粒过程的实验研究发现[94-95],湿颗粒团聚过程一般包含 3 个阶段:① 颗粒的湿润和集结过程;② 结团和生长过程;③ 磨蚀和破裂过程。

在颗粒中添加液体可形成湿颗粒聚团,液体的添加方式、含量、黏度、表面张力系数以及固液接触角等物性参数都会影响团聚过程。

常用的液体添加方式主要有浇注、溶解、喷洒 3 种,普遍认为,液体的添加方式对团聚过程和聚团性质影响很大[96-97]。Knight 等[98]研究了混合机中 3 种液体添加方式对团聚的影响。研究发现:不管哪种添加方法,液体的分布起初依颗粒粒径和添加方式的不同而不同,但随着制粒时间的增加,液相趋向于统一分布。

Sherington 等发现液体含量是制粒控制中一个主要参数[99-101]。液体含量越大,团聚速率和聚团产物的平均粒径越大。此外,由于空隙被液体充填,聚团的孔隙率会随着液体含量的增加而减小,聚团强度增加,聚团不易破碎。

Eliasen 等[102-103]研究了高速剪切机中液体黏度对乳糖-水化物聚团的影响,发现低黏度的黏合剂会使聚团强度减小,使聚团在制粒过程中更易粉碎。

Schaefer 等[104-105]发现高黏度下初始聚团的生长速率较低,但是后续的生长会变快,低黏度下出现更多球形的聚团并且黏合剂的分布更均匀。

Keningley 等[106]研究了液体黏度和颗粒初级粒径对聚团的作用,发现对于给定大小的初级颗粒,要形成聚团,液体黏度存在一最小的临界黏度,低于该黏度则无法形成聚团,临界黏度随初级颗粒粒径的增加而变大。

Knight 等[107-110]研究制粒中的团聚过程发现：当临界黏度大于1 Pa·s时，液体的黏度决定着团聚过程，而当临界黏度小于1 Pa·s时，团聚过程主要由液体的表面张力决定。

液体的表面张力使得初级粒子间产生了毛细管力，对团聚起着重要作用。Capes 和 Danckwerts[111]发现，对于给定粒径的颗粒要使其团聚需要有一个最小的表面张力。

Iveson 和 Litster 以及 Knight 等[112-113]研究发现：表面张力会影响颗粒屈服强度和颗粒的孔隙率。颗粒屈服强度由聚团内粒子间的毛细管力、黏性力以及摩擦力共同决定，减小黏合剂的表面张力会降低屈服响度，增加制粒过程中颗粒间的孔隙率。

湿颗粒体系中固体颗粒和液体间的固液接触角会影响颗粒表面的液体行为。Knight[114]发现液体的润湿能力与固液接触角密切相关。当固液接触角接近临界值 90°时，接触角成为影响团聚过程的一个关键因素；当接触角超过该临界值后，聚团的粒径分布更宽，团聚强度更低。

1.2.2 聚团解聚的研究现状

1.2.2.1 碰撞解聚机制的研究

由于工业上气流分级选煤的处理量要求很大，分级设备内部的结构较为简单，一般在设备内设置壁面或振动机构通过碰撞来增强聚团的解聚，因此我们主要针对聚团碰撞破碎的机理进行整理综述。

目前的研究中，为正确理解颗粒聚团碰撞后的破损、破裂程度，Mishra 和 Thornon[115]提出了一些新的概念。若碰撞引起颗粒聚团破坏形态中有明显的裂隙面或断开面，聚团往往断为两个或多个较大次级聚团并伴有少量细小散颗粒，则称为"裂断"模式。如果上述次级聚团又破损为许多更细小群团，则称为"碎裂"。如果颗粒聚团碰撞后没有出现明显裂隙或裂缝,而是最终由一个位于中间较大的颗粒或颗粒聚团以及其余的小聚团甚至是单独散颗粒组成,则称为"解聚"。如果解聚碰撞中所用的撞击速度足够大而导致没有任何一个较大聚团存在,则称为"完全解聚"[116]。对颗粒聚合体碰撞破损形态分类是比较困难的问题,有时颗粒聚团的破损处于上述各种形态之间,但这些概念依然可起到统一人们对聚团破碎程度认识的作用。

对于聚团的颗粒解聚问题,学者一般从受力和能量两个方面开展研究。

Chaouki 等[117]假定两聚团间的范德华力与聚团的大小无关,仅与构成聚团的颗粒间作用力有关,从受力角度提出了聚团破碎的条件:聚团受到的气体曳力>颗粒间单点接触的范德华力,并根据二力平衡原理,提供了预测聚团尺寸的动力学模型。

Chaouki 提出的单点接触模型中假设黏性力仅仅作用在与相邻聚团之间的单一接触点上,事实上当一个聚团被外力或曳力破碎时,黏性力可能作用于破碎颗粒的整个横截面上。于是Morooka 等[118]认为当聚团分解时,黏性力作用在两个相邻聚团的接触面上,从能量的角度提出了聚团破碎的条件:流体曳力施加给聚团的能量+聚团所具有的动能>破碎聚团所需要的能量,并从能量平衡的角度提出了预测聚团尺寸大小的模型。此模型过于简单地认为重力等于黏性力,与实际情况有偏差。

根据 Morooka 等提出的颗粒破碎能模型,Matsuda 等[119]进一步提出了单位质量聚团破碎能模型,若聚团得到的破碎能大于该聚团破碎所需要的能量,则聚团破碎。

Horio 等[120]从受力平衡角度研究聚团的破碎。他们认为:聚团的破碎主要是由于聚团之间的相互碰撞。当碰撞力大于两个等直径聚团之间的黏附力时,聚团破碎,并根据二力平衡原理估计了聚团能够存在的最大直径。

Yang[121]也认为颗粒内部的黏性来自于两个接触表面之间的复杂的作用力,这些作用力主要是范德华力、静电力或是表面张力(毛细管引力)。在黏附性颗粒聚团内部这种作用力非常强,如果要分开聚团颗粒,就要克服一种接触键能。因此,当两个颗粒的弹性碰撞后,若颗粒的能级高到足以打破接触键能,则两个颗粒碰撞后分离,否则,颗粒团聚。

Xu 和 Zhu[122]采用实验和理论分析方法研究了在机械外力振动作用下黏性颗粒流化过程中的聚团现象。若碰撞能量+机械振动产生的能量>黏性力产生的能量,则聚团破碎,并根据这三者间的能量平衡原理提出了聚团直径的计算公式。

周涛、李洪钟[123]采用自然聚团准数 A 来判断聚团的形成和破裂,认为聚团体与最外层黏附的颗粒处于一种黏附与脱落的动态平衡状态,当最外层黏附的颗粒重力大于聚团体与最外层黏附的颗粒间的黏性剪切力时,最外层颗粒脱落。

张文斌等[124]分析了碰撞诱发颗粒团聚及破碎的机理,认为稠密气固两相流中运动的颗粒同时受到流体力、颗粒自身重力、黏性力(主要考虑范德华力)、碰撞弹性力等的综合作用。颗粒碰撞后究竟发生团聚,还是分离、破碎,视上述各种力的相对量级大小而定。

周涛等[125-126]认为流化床中聚团的碰撞以两个聚团之间的碰撞为主要形式,聚团碰撞之后是否分离,取决于聚团所受的各种力的平衡状态,这些力包括曳力、碰撞力、黏性力和表观重力(重力-浮力)。当聚团的最大碰撞力(分散力)超过最大黏附力(团聚力)时,聚团破碎。

由于最大碰撞力和最大黏附力并不出现在碰撞中的同一时刻,将不同时刻的力的大小比较来作为聚团的破碎依据不够严谨,有必要再从其他角度提出聚团解聚的依据。

1.2.2.2 碰撞解聚的实验研究

很多学者设计了巧妙的装置进行聚团碰撞解聚的实验研究。这些实验中,常用高速摄像机拍摄碰撞过程,通过收集从聚团母体脱离的碎片并测量其粒径分布来进行研究[127-131]。

Verkoeijen 等[132]利用图 1-4 中所示的设备进行了多聚团的碰撞实验(碰撞对聚团的破碎程度用破碎比表示,其含义为碎片与聚团母体的质量之比),并测量了碰撞后碎片的粒径分布和碎片形状。

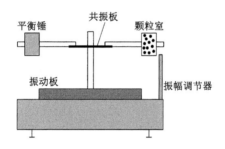

图 1-4 Verkoeijen 等人的碰撞实验装置

Samimi 等[133-134]利用图 1-5 中所示仪器进行了约 4 000 颗聚团的碰撞实验。破碎程度用不同孔径筛子的筛上产物和筛下产物质量之比来衡量。通过设备的连续给料,还进行了多个聚团的连续碰撞实验。

Salman 和 Gorham 等[135-139]利用高压气体喷出的高速聚团与壁面碰撞,研究了聚团碰撞破碎的模式以及碰撞速度对破碎的影响,实验装置如图 1-6 所示。

Fu 等[140-142]利用自由落体实现碰撞,用高速动态摄像仪拍摄了不同撞击速度下湿颗粒聚团的破碎过程,研究了不同碰撞条件下聚团的变形,实验装置如图 1-7 所示。研究发现湿颗粒聚团的

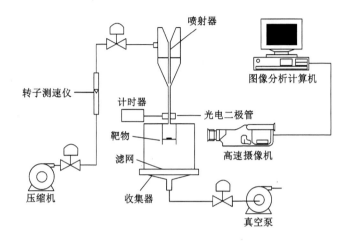

图 1-5　Samimi 等人的碰撞实验装置

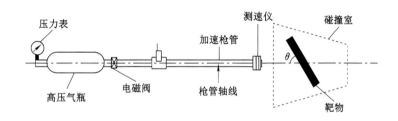

图 1-6　Salman 等人的碰撞实验装置

破碎呈现 5 种不同模式,如图 1-8 所示,聚团的破碎方式和破碎程度与撞击速度、液体含量以及组成聚团的颗粒有关。

1.2.2.3　聚团碰撞解聚的数值模拟

尽管实验在颗粒聚合体碰撞破损研究中发挥了不可替代的作用,但是,由于聚团往往由微小颗粒组成,且碰撞破坏过程十分短暂,实验很难捕捉每一时刻破碎信息,只限于对碰撞后的碎片统计。而计算机数值模拟可以不受时间短和尺度小的限制,在过去

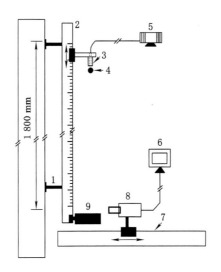

1—抗震架;2—垂直光具座;3—喷嘴;4—颗粒;5—真空泵;
6—计算机;7—水平光具座;8—高速摄像机;9—靶物。

图 1-7 Fu 等人的碰撞实验装置

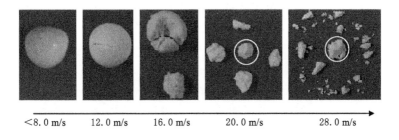

| <8.0 m/s | 12.0 m/s | 16.0 m/s | 20.0 m/s | 28.0 m/s |

图 1-8 不同撞击速度下湿颗粒聚团的 5 种破碎模式

的十几年中,对固体和聚团碰撞破碎的数值仿真研究取得了飞速
的发展,并在聚团碰撞破碎过程、损伤机理以及实践应用方面都取
得了许多重要成果[143]。

在颗粒聚合体碰撞破损的细观力学研究中,应用最为广泛的数值技术是离散单元法(Discrete Element Method,DEM),该技术最初由 Cundall 和 Strack 于 1979 年提出[144],主要用于研究岩土力学问题。离散单元法的创始人 Cundall 在美国创立了 ITASCA 咨询集团,推出了颗粒流软件(Particle Flow Code, PFC),可对颗粒物质进行研究。此外,由 Thornton 研究组开发的 Granule 程序也常用于颗粒聚合体碰撞仿真研究。

离散元法把离散体看作有限个离散单元的组合,根据其几何特征分为颗粒和块体两大系统,每个颗粒/块体为一个单元,根据过程中的每一时步各颗粒的作用和牛顿运动定律的交替迭代预测颗粒群的行为[145]。设时步 Δt,颗粒的运动和转动由以下方程确定:

$$\begin{aligned} F_i - \beta_g V_i &= m\Delta V_i/\Delta t \\ M_i - \beta_g \omega_i &= I\Delta\omega_i/\Delta t \end{aligned} \quad i = 1,2(二维) \ 或 \ i = 1,2,3(三维)$$

$$(1\text{-}5)$$

式中,F_i 和 M_i 分别为不平衡力和力矩,V_i 和 ΔV_i 为速度及其增量,ω_i 和 $\Delta\omega_i$ 为角速度及其增量,m 为质量,I 为转动惯量,β_g 为整体阻尼。解式(1-5)可得速度和角速度,进而得出球的新位置 x_{i+1} 和角位置 Φ_{i+1}:

$$\begin{aligned} x_{i+1} &= x_i + V_i\Delta t \\ \Phi_{i+1} &= \Phi_i + \omega_i\Delta t \end{aligned}$$

$$(1\text{-}6)$$

由各球的新位置坐标可决定相邻颗粒是否接触或原接触点是否脱离,相互接触的球会产生假性重叠量(弹塑性变形),再利用接触模型公式分别求出接触力 F_i 和 M_i,返归式(1-5)再迭代运算出下一时步的速度和角速度。

接触模型是颗粒离散元法的核心。颗粒流软件提供了线性接触、简化的 Hertz-Mindlin 接触、库仑滑移接触、接触黏结和平行黏结等接触模型。用 PFC 中常用线性弹簧接触、库仑滑移接触以及平行黏结 3 种接触模型的组合来模拟湿颗粒的行为特征[146-149]。其中线性弹簧接触模型和库仑滑移接触模型代表了湿颗粒中类似于干颗粒的行为特点,而平行黏结接触模型则表述了湿颗粒间液桥的作用特点。

线性接触模型通过两个接触体(颗粒-颗粒,颗粒-墙体)的切向刚度和法向刚度定义了接触力。两颗粒间的法向接触力为:

$$F_{cn} = \begin{cases} k_n\delta_n, & \delta_n \geqslant 0 \\ 0, & \delta_n < 0 \end{cases} \tag{1-7}$$

其中,δ_n 为法向重叠量;k_n 为颗粒法向刚度系数。

切向接触力 F_{cs} 以增量的形式计算:

$$\Delta F_{cs} = k_s\Delta\delta_s \tag{1-8}$$

其中,$\Delta\delta_s$ 为切向重叠量增量,k_s 为颗粒切向刚度系数。

接触形成时,总的切向接触力初始化为零,然后每一个相对切向位移增量都会产生切向弹性接触力增量,新的切向接触力等于当前时步开始时存在的切向接触力与切向弹性接触力增量之和。

滑移模型允许颗粒间发生滑动,当接触形成时,通过计算最大允许切向接触力来判断滑移条件。若切向接触力大于最大允许切向接触力,颗粒之间在下一计算时步发生滑移。

$$F_{cs\max} = \mu \mid F_{cn} \mid$$
$$F_{cs} = \min\{\mid F_{cs} \mid, F_{cs\max}\} \cdot \text{sign} F_{cs} \tag{1-9}$$

其中,$F_{cs\max}$ 为最大允许切向接触力;μ 为接触处的摩擦系数,取两接触颗粒摩擦系数的最小值;$\min\{A,B\}$ 为 A 和 B 两数值的最小值;$\text{sign} X$ 为符号函数。

滑移模型可看作库仑-莫尔定律的一种形式,可以真实反映颗粒之间的滑动摩擦行为。

平行黏结接触模型描述了沉积在两颗粒之间一定尺度黏性物质的本构特性。平行黏结接触模型在颗粒之间建立了一种弹性相互关系,这种关系可以与滑移模型并行作用。平行黏结接触模型可以看作一系列具有恒定法向和切向刚度的弹性弹簧,这些弹簧均匀分布在以接触点为中心的接触平面的矩形横截面上,它们可与线性接触模型的点接触弹簧并行作用,如图 1-9 所示。使用平行黏结接触模型的颗粒在接触点处相对运动时,平行黏结接触刚度的设置会影响在平行黏结物质内部产生的力和力矩,且与作用在约束物质内部的最大法向和切向应力有关。当最大法向应力超过法向黏结强度,或最大切向应力超过切向黏结强度时,黏结发生断裂,这时滑移模型起作用。

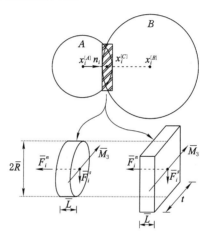

图 1-9　平行黏结接触模型

平行黏结法向分力 F_n^{pb}、平行黏结切向分力 F_s^{pb} 以及力矩 M_3^{pb} 可用下式计算:

$$F_n^{pb} = F_n^{opb} + \Delta F_n^{pb} \qquad \Delta F_n^{pb} = -k_n^{pb} A \Delta \delta_n$$
$$F_s^{pb} = F_s^{opb} + \Delta F_s^{pb} \qquad \Delta F_s^{pb} = -k_s^{pb} A \Delta \delta_s$$
$$M^{pb} = M^{opb} + \Delta M^{pb} \qquad \Delta M^{pb} = -k_n^{pb} I A \Delta \theta \qquad (1\text{-}10)$$

式中,F_n^{opb}、F_s^{opb}、M^{opb} 分别为前一时步平行黏结的法向分力、切向分力以及力矩;F_n^{pb}、F_s^{pb}、M^{pb} 分别为当前时步平行黏结的法向分力、切向分力以及力矩；ΔF_n^{pb}、ΔF_s^{pb}、ΔM^{pb} 分别为平行黏结的法向分力增量、切向分力增量以及力矩增量；k_n^{pb} 为平行黏结法向刚度；k_s^{pb} 为平行黏结切向刚度；A 为平行黏结横截面的面积；I 为平行黏结横截面关于通过接触点的轴的转动惯量；$\Delta\delta_n$ 为相对法向位移增量；$\Delta\delta_s$ 为相对切向位移增量；$\Delta\theta$ 为相对角位移增量。

根据梁理论，作用在并行约束外围的最大法向应力 $\sigma_{\max}$ 和最大切向应力 $\tau_{\max}$ 的计算式为：

$$\sigma_{\max} = \frac{-F_n^{pb}}{A} + \frac{|M^{pb}|}{I}\bar{R}$$

$$\tau_{\max} = \frac{|F_s^{pb}|}{A} \tag{1-11}$$

式中，$\bar{R}$ 为平行黏结半径。计算中如果最大法向应力 $\sigma_{\max}$ 超过法向黏结强度 σ_n^{pb} 或最大切向应力 $\tau_{\max}$ 超过切向黏结强度 τ_s^{pb}，平行黏结发生断裂。

利用离散元技术，Thornton 等[150]运用二维 DEM 模拟了聚团在不同冲击速度下的碎裂解体过程。模拟结果表明，聚团在不同的冲击速度下发生的破裂机制并不一样。高速冲击碰撞下，聚团显现出塑性变形；在中等速度冲击下，聚团先显现塑性变形，紧接着塑性区的周围发生破裂并向边缘传播。低速度碰撞时，仅接触点附近局部塑性变形区发生损伤，类似于单一弹性的球体碰撞行为。

Kafui 和 Thornton[151]模拟了一个面心立方结构的颗粒聚合体同目标板的撞击。撞击时，接触力通过在接触面之上的竖直颗粒串传播，引起这些颗粒降速，板力达到最大值导致相邻密排平面颗粒中接触断裂，以及动能降至最低点，键的断裂由板自下而上传播。

Liu 和 Thornton 等[152-153]还研究了圆柱体和立方体颗粒聚团的碰撞问题，立方体颗粒聚合团的碰撞方位分为边碰撞、角碰撞和面碰撞，圆柱体聚团的碰撞分为底边碰撞和面碰撞。研究表明颗粒聚合体的破损程度同上述碰撞方位密切相关。

Mishra 和 Thornton[115]考察了颗粒聚团质密度、接触密度、碰撞局部结构、碰撞角度以及碰撞方位对颗粒聚合体破损的影响。研究发现,即使质密度相同,在接触数不同的条件下,碰撞的破损模式也不尽相同,接触数大者呈现"裂断",而小接触数的聚合体为"解体"模式.

Moreno 等[154]研究了撞击角度对颗粒聚团碰撞破损的影响,研究产生了一个各向同性的球体颗粒聚团,并进行斜碰实验。研究指出,颗粒聚合体的损伤率只依赖碰撞速度的法向分量,而切向速度对损伤率几乎没有影响。

Lian 等[155-156]模拟了两个湿颗粒聚团的碰撞再聚团问题,两个颗粒聚团由于液桥力及黏性力作用而出现黏合及再聚团现象,系统能量主要由液体的黏性阻碍以及颗粒间摩擦而耗散,而不是液桥键的断裂。当碰撞速度很小时,两个聚团像两个固体粘在一起,当速度增加时,合成聚团的尺寸减小,并存在一个极限碰撞速度。

1.2.3 气流分级设备的研究现状

分级是利用粒度不同的颗粒在复合力场中具有不同运动轨迹的特性,实现按粒度分离的过程[157]。按作用于粉体颗粒的流体介质不同,分级可分为干式和湿式两种。以气体为分散介质的分级为干式分级,以液体为分散介质的分级为湿式分级。与干式分级相比,湿式分级具有润湿作用,减少了颗粒间的表面作用力,而且易于添加分散剂,使颗粒在流体介质中具有较好的分散性[158]。但是分级后的产品依然是以悬浮液形式存在,多数情况下需要将液体和固体颗粒进行分离再干燥,复杂的后处理过程在一定程度上制约了湿式分级的工业化应用[159]。

干式分级按作用的方式不同可分为筛析分级和气流分

级[160]。筛析分级由于细颗粒的凝聚、吸附倾向和筛网制作的限制,一般只适用于粒径 100 μm 以上的颗粒分级,对细颗粒(粒径小于 37 μm)是无能为力的,对 37 μm 以上 100 μm 以下的细颗粒准确度不高[161]。而气流分级是以干燥空气为介质进行分级的技术方法,分级机内没有筛网,不存在筛孔堵塞问题,分级粒度不受筛孔易堵塞的限制,可以实现 0～6 mm 任意粒度的分级[162-163],且工艺简单、成本低,为原煤的干法分级开辟了一条崭新的道路。

现在广泛应用于气流分级的设备大多数都为干法超细粉体的分级设备,主要有水平流型和垂直流型分级机[164]。按结构又可分为沉降结构、旋风分离器结构、百叶窗结构及流化床结构等。分级理论主要有康达效应分级原理[165-166]、减压分级原理[167]、重力式气流分级原理[168]、惯性式气流分级原理[169-170]、离心式气流分级原理[171]。

为实现高回收率和高精度分级,气流分级装置一般尽可能具备如下能力[172]:

(1)物料在分级前必须处于充分分散状态。

(2)分级作用力要强,分离点要作用在点、线上,每个力的作用是瞬间的,但整个作用区域需持久存在。

(3)对气流要作整流处理,避免产生涡流,以提高分级精度。

(4)分离出的粗粒应立即卸出,避免再度返混。

组合分级是目前气流分级机研发改进的方向,利用几种机型的组合设计和多种分级机理,集多种分级设备的优点于一体,是目前分级理论尚未得到新的突破前设计分级机的主要方法,如日本三菱重工的 MDS 型组合分级机,兼有粗粉分离器和 Sturtevant 型分级机特点;丹麦 F. L. S 公司的 RET 型分级机相当于粗粉分离器和笼形选粉机的组合;国内的 SZ 型分级机是结合 Wedag 型分级机和 O-sepa 分级机改造而成的。

鲁林平、叶京生等[173-175]应用组合分级的概念,在气流分级设备中引入了筛析分级原理,结合气流分级机与有网筛分机的优势而创新研制了一种新型气流筛分设备。其主体结构包括进料蜗壳、气流筛分筒体、底部出料三部分。结构如图 1-10 所示。气流夹带粉体物料经进料口切向进入筛分机,气固两相沿螺旋形蜗壳进入筛分机的内部空间,固相粉粒在气流作用下具有随气流旋转运动的趋势,沿切线方向产生强烈旋转,在离心力和流体阻力的作用下,绝大部分颗粒往外运动与筛网发生碰撞,在运动过程中,不断与筛网发生碰撞,其中部分小于筛孔直径的颗粒透过筛网成为细颗粒,大颗粒及另外一部分没有透过筛网的小颗粒从粗粉口排出,极小部分超细粉体颗粒在气流阻力的作用下往中心方向运动而不与筛网发生碰撞,直接随气流从粗粉口排出,从而达到分级目的。

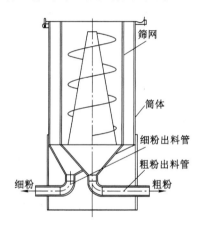

图 1-10 气流筛分机结构示意图

何亚群等设计研制了阻尼式脉动气流分选装置[176-179],如图 1-11 所示。在传统气流分选装置中加入阻尼块,分选装置中将产生气流的加速减速区域,使气流产生脉动,实现物料的按密度分离。分选区域有多节柱状体阻尼块,由法兰处接入。分选柱的高度、阻尼块的个数、阻尼块的形状均可调节,如图 1-12 所示。当流速一定的气流通过加入阻尼块的分选装置时,管壁的扩张与收缩设计使得气流的加速和减速区域交替出现。合理控制气流的速度和分选的时间,可以实现多组分颗粒按密度有效分选。与传统气流分选装置相比,脉动气流分选装置取得了较高的分选效率和较宽范围的操作条件。实际物料分选实验表明,阻尼式脉动气流分选装置比传统气流分选机有更优越的分选效果,总分选效率提高 6% ~ 8%[180-184]。

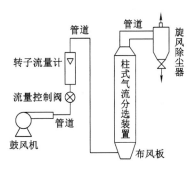

图 1-11　阻尼式脉动气流分选系统

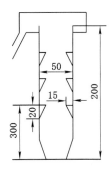

图 1-12　分选区域的阻尼块

潮湿煤炭的气流分级与上述粉体的分级有着本质的不同,其分级粒度粗、入料相互黏结、处理量大,因此,设计难度较大。

邓锋等[8]设计的针对潮湿煤炭的气流分级设备如图1-13所示。系统主要由旋风除尘器、频率可调的离心风机、分级机和振动给料机等组成。物料由入料口给入,经过罗茨风机产生的高速气流及离心风机分配的分散风首先对入料进行分散,粗颗粒直接下落收集,分散后的剩余物料进入分级区,分级区分离出的细粒级产品通过除尘器收集,粗颗粒可单独作为产品排出或者与分散区的粗粒级产品一起排出。排风管可使系统形成负压,保证分级设备处的空气质量。该气流分级设备突破了机械筛分分级的局限,解决了筛孔堵塞的问题,且设备的结构和流程简单,制造和运行成本低。气流分级设备有分散和分级两个区域,同时有相应的气流,使得分级效果达到较好的效果,当外在水分增加时,设备的分级效率逐渐减小,而且水分对细粒煤的影响比对粗粒煤的要大;外水为8%左右时,粗粒煤的总分级效率达到83.05%[6]。

杨国华等[185-187]研究发明了无筛网煤炭分级技术——振动流化床气力分级技术。振动流化床气力分级系统由振动流化床分级器、细粒分离器、旋风除尘器、循环风机、布袋除尘器、引风机及管道等组成,如图1-14所示。其工作原理是:煤炭连续地加入振动流化床分级器,在振动力和气力作用下,颗粒上下剧烈翻腾碰撞使煤团快速分散,黏于块煤表面的煤粉快速脱落,煤粉与块煤充分分离。其中细颗粒随气流带出并由细粒分离器和除尘器收集,成为相当于筛分机的筛下产物。粗颗粒从分离器的入料端沿振动的布风板快速地移向出料端排出,成为相当于筛分机的筛上产物。粉煤通过上升气流的夹带分离出来,调节气流速度即可调节分级粒度。由于没有筛网,无论煤炭水分有多高,都不会对分级设备造成诸如筛孔堵塞等问题,分级粒度不受筛孔堵塞限制,而可进行6 mm以下任一粒度分级,如3 mm分级,甚至0.125 mm分级。

1 绪 论

1—离心机;2—除尘机;3—入料口;4—高压风管;5—罗茨风机;
6—反吹风管;7—出料口;8—分级风管;9—分散风管;10—排风管;11—关风器。

图 1-13 潮湿煤炭气流分级设备

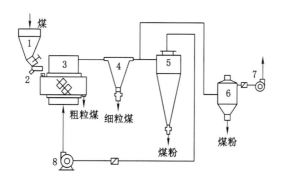

1—缓冲仓;2—给料机;3—VFB分级器;4—细粒分离器;
5—旋风除尘器;6—除尘器;7—引风机;8—循环风机。

图 1-14 振动流化床空气分级原理

国

1 绪 论

1—离心机;2—除尘机;3—入料口;4—高压风管;5—罗茨风机;
6—反吹风管;7—出料口;8—分级风管;9—分散风管;10—排风管;11—关风器。

图 1-13 潮湿煤炭气流分级设备

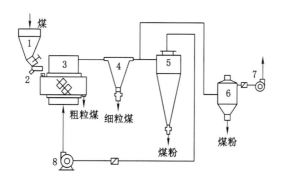

1—缓冲仓;2—给料机;3—VFB分级器;4—细粒分离器;
5—旋风除尘器;6—除尘器;7—引风机;8—循环风机。

图 1-14 振动流化床空气分级原理

1 绪 论

1—离心机;2—除尘机;3—入料口;4—高压风管;5—罗茨风机;
6—反吹风管;7—出料口;8—分级风管;9—分散风管;10—排风管;11—关风器。

图 1-13 潮湿煤炭气流分级设备

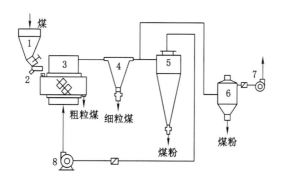

1—缓冲仓;2—给料机;3—VFB分级器;4—细粒分离器;
5—旋风除尘器;6—除尘器;7—引风机;8—循环风机。

图 1-14 振动流化床空气分级原理

当原煤外在水分小于 9.5％时,分级效率达 80％～90％。

杨国华等人还设计了流化床风力分级机,如图 1-15 所示。其工作原理是:物料从入料斗给到分级室内的振动板上,气流从振动板的下方经风室向上进入分级室内,利用穿过振动板的交替相间的高低速气流的配合作用,以及振动板的振动,在分级室下部和振动板上面形成移动床、流化床、气流床相结合的气固流场,粗颗粒沿振动板移动至出料槽排出,中颗粒以溢流方式进入出料槽排出,细颗粒被气流携带向上经细颗粒分级室分级后由除尘器收集。该流化床分级方法的分级粒度为 0.5 ～ 6 mm,处理量为 50 t/h[188-189]。

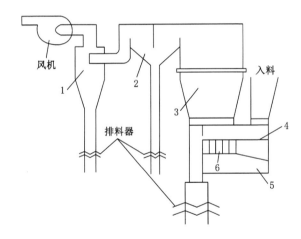

1—除尘器;2—细粒分级室;3—分级室;4—振动板;5—总风室;6—分风室。

图 1-15　流化床风力分级机

1.3　本书的主要研究内容

本课题在国内外相关研究成果的基础上,针对该领域存在的一些空白和不足,采用理论研究、数值分析和实验相结合的研究方法,对气流分级中潮湿细颗粒煤的团聚和解聚机制进行了一系列的基础性研究。研究内容包括一些以下 4 个部分:

(1)将细粒煤简化成球形颗粒,针对 10 μm~10 mm 粒径范围内的细粒煤,对气流分级中潮湿颗粒与细粒煤之间以及颗粒与细粒煤与气流之间的作用力进行了分析和量级计算,基于前人多对等径颗粒间的作用力进行相关计算,本书更侧重于计算不同粒径下的作用力,并讨论了颗粒粒径比、颗粒运动速度、颗粒的潮湿程度、颗粒的物理性质、气流速度以及颗粒间的碰撞对颗粒团聚和分散的影响,对分级机内潮湿细粒煤团聚和解聚机理作出力学解释。

(2)煤颗粒成分复杂,影响潮湿煤颗粒团聚的因素众多,从煤的某些理化性质来研究团聚较为困难,且对煤的团聚缺乏合适的表征方法。因此,本书借鉴土壤团聚的研究方法,利用分形理论从统计角度研究煤的团聚,建立细粒煤团聚的统计自相似分形模型,并对潮湿细粒煤进行了团聚实验,借助于分形维数来表征颗粒的团聚强弱,探讨细粒煤的外水含量、初级粒径和密度对团聚的影响。

(3)利用高速动态摄像仪拍摄不同碰撞条件下潮湿细粒煤聚团碰撞解聚的过程,利用图像分析方法获得碎片的粒径分布、速度和转速等信息,结合碰撞中聚团的质量损失,来评价不同碰撞条件对聚团解聚的效果。利用颗粒离散单元法、接触力学理论以及液桥理论,先从细观上研究两湿颗粒聚团碰撞分离的物理过程和动力学机制,再利用颗粒流软件模拟多颗粒包衣结构聚团的碰撞解聚过程,分析其破碎机理和影响因素。

(4)利用流体力学计算软件 Fluent 对分级机内的气固两相流进行数值模拟,研究内部设置的导流板和倾斜布风板对流场的影响以及细粒煤在分级机中的运动情况,以判断分级机内流场的均匀性和湿煤聚团的碰撞破碎情况,为分级机内部结构的优化提供参考和指导。利用课题组研制的气流分级设备进行了潮湿细粒煤的分级实验,研究分级机在不同风量下对不同外水含量的潮湿细粒煤的分级效果,用团聚和解聚机制对实验结果加以解释。

2　流场中颗粒的受力及影响因素

　　潮湿细颗粒煤的气流分级问题其科学实质就是气流中黏性颗粒的团聚与解聚问题。颗粒聚团与解聚是颗粒团内部粒间力和气固液相互作用力共同作用的结果,特别是颗粒间的诸多短程和长程作用力,随着颗粒尺度的减小而变得越来越重要。这些力在什么样的条件下支配和影响颗粒的成团特性,团聚形成怎样的形态,哪些作用可使聚团解聚,聚团如何解聚,与外部气流的作用又呈怎么样的关系,都迫切需要从理论和实验的角度加以深入的研究,从而从根本上揭示气流分级中潮湿细颗粒煤的团聚和解聚的物理机理。

　　本章将细粒煤颗粒简化成球形颗粒,针对 $10\ \mu\mathrm{m}\sim10\ \mathrm{mm}$ 粒径范围内的细粒煤,对潮湿颗粒间以及颗粒与气流之间的各种作用力进行了分析和量级计算,基于前人已对等径颗粒间的作用力进行过相关计算[190-192],本章更侧重于计算不同粒径下的作用力,并讨论了颗粒粒径比、颗粒运动速度、颗粒的潮湿程度、颗粒的物理性质、气流速度以及颗粒间的碰撞对颗粒团聚和分散的影响,对分级机内气固两相流中潮湿细颗粒煤的团聚和分散的机理作出力学分析。

2.1　力学分析

　　在颗粒所受的诸多力中,根据力在物理过程中所起作用将其分为两类:促使颗粒相互吸引形成团聚的力,如范德华力、静电力、液体桥力、固体桥力等;促使颗粒相互分散或导致颗粒团破碎的力,如流体曳力、碰撞力等。颗粒间发生团聚还是分散分离,由团聚力和分散力的相对大小决定。

由于潮湿细粒煤通常堆积在地面,接地充分,颗粒间又有液体存在,颗粒所带的静电荷非常小,故受力分析中不考虑颗粒间的静电力。由于煤颗粒的密度远大于空气密度,颗粒受到的空气浮力忽略不计。此外,气流分级机中流场接近层流,湍流较小,压强的变化小于 300 Pa,颗粒所受到的虚假质量力、压力梯度力以及 Saffman 升力较小,也未考虑。本节内容主要计算和讨论了范德华力、静态液桥力、动态黏性力、气流曳力、碰撞力。

2.1.1 范德华力

范德华力是分子间的取向力、诱导力和色散力之和,与特定材料的化学性质有关。其作用距离比较短,通常为一个或几个分子直径,一般几个纳米。两个球形颗粒间的范德华力可表示为[193]:

$$F_{va} = \frac{A}{12h^2} \frac{d_1 d_2}{d_1 + d_2} \qquad (2\text{-}1)$$

这里 h 为两球表面的距离,一般计算中取 $0.1 \sim 0.4$ nm; d_1, d_2 为颗粒粒径; A 为 Hamaker 常数,与颗粒的折射率、介电常数等物性有关。

2.1.2 静态液桥力

原煤外在水分为 7% $\sim$ 14% 时,水在煤颗粒空隙间主要以摆动状态存在[194],而摆动状态下,颗粒之间的水分分布为不连续的液桥。颗粒所受到的静态液桥力是由液桥的压力差、液体的表面张力以及黏性阻力引起的,其中液桥内部毛细管的负压力和液桥的表面张力仅取决于其几何形状,故称之为静态液桥力。Fisher[195] 和 Hotta 等[196] 将气液界面径向轮廓处理为一段圆弧,如图 2-1 所示,利用曲面近似的方法得到两球形颗粒间静态液桥力:

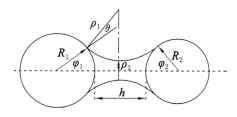

图 2-1 球形颗粒间液桥示意图

$$F_{slb} = \pi \sigma \rho_2 \cdot \frac{\rho_1 + \rho_2}{\rho_1} \tag{2-2}$$

其中 σ 为液体表面张力系数；ρ_1，ρ_2 分别为两颗粒的液环曲率半径，表示为：

$$\rho_1 = \frac{R_1(1 - \cos \varphi_1) + h + R_2(1 - \cos \varphi_2)}{\cos(\varphi_1 + \theta) + \cos(\varphi_2 + \theta)} \tag{2-3}$$

$$\rho_2 = R_1 \sin \varphi_1 - \rho_1 [1 - \sin(\varphi_1 + \theta)] \tag{2-4}$$

液桥的体积：

$$\begin{aligned}
V = &\pi \{ (a^2 + \rho_1^2)\rho_1 [\cos(\varphi_1 + \theta) + \cos(\varphi_2 + \theta)] - \\
&\frac{1}{3}\rho_1^3 [\cos^3(\varphi_1 + \theta) + \cos^3(\varphi_2 + \theta)] - \\
&a\rho_1^2 [\sin(\varphi_1 + \theta)\cos(\varphi_1 + \theta) + \sin(\varphi_2 + \theta)\cos(\varphi_2 + \theta)] + \\
&a\rho_1^2 (\varphi_1 + \varphi_2 + 2\theta - \pi) \} - \frac{\pi}{3} [(2 - 3\cos\varphi_1 + \cos^3\varphi_1)R_1^3 + \\
&(2 - 3\cos \varphi_2 + \cos^3 \varphi_2)R_2^3]
\end{aligned} \tag{2-5}$$

式中，θ 为煤水接触角。h 为颗粒表面间距，一般计算中取为 $R/1\,000^{[197]}$。R_1，R_2 为颗粒半径，φ_1，φ_2 分别为两颗粒的液桥嵌入角且有下列关系：

$$\varphi_2 = 2\arctan\left[\frac{h + 2R_1}{h + 2R_2}\tan\frac{\varphi_1}{2}\right] \tag{2-6}$$

式(2-5)中 a 可通过下式计算：

$$a = \rho_1 \sin(\varphi_2 + \theta) + R_2 \sin \varphi_2 \qquad (2\text{-}7)$$

2.1.3 动态黏性力

在气流中,颗粒的运动并不完全相同,颗粒间存在着相对运动,由于当潮湿颗粒间的液桥发生拉伸时液体的黏性会产生黏性阻力,又称之为动态黏性力。其中法向黏性力可用下式计算[143]:

$$F_{lvn} = 6\pi\mu_l R^* v_n \frac{R^*}{h} \qquad (2\text{-}8)$$

这里 μ_l 为液体动力黏度;v_n 为两颗粒的法向相对运动速度;R^* 为折合半径:

$$\frac{1}{R^*} = \frac{1}{R_1} + \frac{1}{R_2}$$

则对于等径颗粒:

$$F_{lvn} = \frac{3}{2}\pi\mu_l v_n \frac{R^2}{h} \qquad (2\text{-}9)$$

Goldman 等[198]通过研究在半无穷牛顿流体中平行于刚性墙运动的刚性球的简单情况后发现,当球与壁面距离足够小时,切向黏性力可由下式计算:

$$F_{lvs} = 6\pi\mu_l R^* v_s \left(\frac{8}{15}\ln\frac{R^*}{h} + 0.958\,8\right) \qquad (2\text{-}10)$$

当颗粒半径和间距相同时,比较式(2-9)和式(2-10)可得:

$$\frac{F_{lvn}}{F_{lvs}} = \frac{v_n \dfrac{R^*}{h}}{v_s \left(\dfrac{8}{15}\ln\dfrac{R^*}{h} + 0.958\,8\right)} \approx 215\frac{v_n}{v_s} \qquad (2\text{-}11)$$

由式(2-11)可见,切向黏性力远小于法向黏性力,故本章力学分析中亦不考虑切向黏性力,只对法向黏性力做出计算和讨论。此外,Lian 等[199]在应用 DEM 方法研究聚团碰撞过程中发现利用式(2-10)计算的切向黏性力的作用可以忽略,说明切向黏性力对聚团解聚的影响较小。

2.1.4　流体曳力[200]

当球形颗粒以速度 v_p 在流速为 v_A 的气流中运动,作用在球形颗粒上的曳力可表达为:

$$F_D = \frac{1}{8} C_D \pi d_{pp}^2 \rho (v_p - v_A)^2 \qquad (2\text{-}12)$$

其中,d_p 为粒径。ρ 为气体密度,室温下其值为 1.293 kg/m³。v_p 为颗粒的运动速度。v_A 为流体的速度。C_D 为球形颗粒的拖曳系数:

$$C_D = \frac{24}{Re} + \frac{6}{1 + \sqrt{Re}} + 0.4 \qquad (2\text{-}13)$$

式中,Re 为雷诺数　$Re = \dfrac{(v_p - v_A)d_p}{1.5 \times 10^{-5}} \qquad (2\text{-}14)$

2.1.5　碰撞力

在气流中颗粒与振动机构(或壁面)存在一定的碰撞,颗粒与颗粒之间也有不同程度的碰撞。根据 Timoshenko 和 Goodier[201] 的碰撞理论,碰撞中的最大碰撞力可表示为:

$$F_{c\max} = 0.2516 \left[\left(\frac{\pi v_{pp}^6 \rho_p^3}{k^2} \right) \left(\frac{d_1^3 d_2^3}{d_1^3 + d_2^3} \right)^3 \left(\frac{2d_1 d_2}{d_1 + d_2} \right) \right]^{\frac{1}{5}} \quad (2\text{-}15)$$

式中 k 为颗粒的弹性形变系数,可表示为:

$$k = \frac{E}{1 - \nu^2} \qquad (2\text{-}16)$$

其中,E 为杨氏弹性模量;d_1 和 d_2 为颗粒粒径,若 $d_1 \gg d_2$,可视为颗粒与壁面的碰撞;ρ_p 为颗粒密度;v_{pp} 为颗粒间的相对碰撞速度;ν 为泊松比。

2.1.6　力的量级计算

采用表 2-1 中的计算条件,利用式(2-1)～式(2-16)对重力、流体曳力以及等径颗粒间的范德华力、静态液桥力、法向黏性力和最大碰撞力进行了量级计算,结果列于表 2-2。

表 2-1　计算条件

参数	数值
Hamerker 常数 A	1.6×10^{-19}
颗粒表面间距 h	$10\ \mu m$
煤水接触角 θ	$45°$
液桥嵌入角 φ_1	$15°$
泊松比 ν	0.20
水的表面张力系数 σ	$0.029\ N/m$
杨氏模量 E	$20\ 000\ MPa$
水的动力黏度系数 μ	$1.01 \times 10^{-3}\ Pa \cdot s$
气体密度 ρ_a	$1.293\ kg/m^3$
煤颗粒密度 ρ_p	$1.6 \times 10^3\ kg/m^3$
颗粒相对于气流速度 $v_p - v_A$	$20\ m/s$
颗粒间相对碰撞速度 v_{pp}	$20\ m/s$

表 2-2　力的量级计算

单位:N

力	粒径			
	$10\ \mu m$	$100\ \mu m$	$1\ 000\ \mu m$	$10\ 000\ \mu m$
重力 F_g	8.21×10^{-12}	8.21×10^{-9}	8.21×10^{-6}	8.21×10^{-3}
范德华力 F_{va}	2.41×10^{-7}	2.41×10^{-6}	2.41×10^{-5}	2.41×10^{-4}
静态液桥力 F_{slb}	6.72×10^{-5}	3.83×10^{-4}	4.78×10^{-3}	4.89×10^{-2}
法向黏性力 F_{lvn}	1.19×10^{-8}	1.19×10^{-6}	1.19×10^{-4}	1.19×10^{-2}
流体曳力 F_D	7.09×10^{-8}	2.15×10^{-6}	1.17×10^{-4}	9.21×10^{-1}
最大碰撞力 F_{cmax}	5.37×10^{-6}	5.37×10^{-4}	5.37×10^{-2}	5.37

　　由表 2-2 可见,对于干燥颗粒,范德华力是促使其团聚的主要作用力。通过对力的量级比较发现,利用流体曳力可克服范德华

力而分散粒径大于 100 μm 的干燥颗粒,而碰撞力却可分散粒径大于10 μm 的干燥颗粒。对于潮湿煤粒,静态液桥力比范德华力大约 2 个数量级,代替范德华力成为促使湿颗粒团聚的主要作用力。对于粒径小于 1 000 μm 的潮湿颗粒,由于流体曳力小于静态液桥力,仅仅利用气流无法分散湿颗粒,但利用碰撞力可分散粒径大于 100 μm 的湿颗粒。但要分散 10 μm 以下的湿颗粒,即使流体曳力和碰撞力同时作用,也无法实现。由于碰撞力相对于流体曳力较大,在分级中增强碰撞有助于解聚。

2.2 影响因素

2.2.1 粒径比的影响

利用式(2-1)～式(2-14),分别计算了大小颗粒的粒径比为 1,2,5 和 10 时,范德华力、静态液桥力、动态黏性力以及最大碰撞力随着小颗粒粒径 d_2 的变化情况,结果绘于图 2-2。

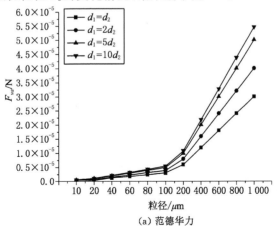

(a)范德华力

图 2-2 不同粒径比下力随粒径的变化

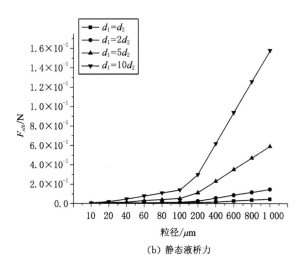

（b）静态液桥力

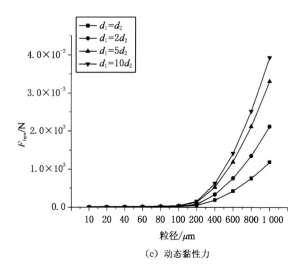

（c）动态黏性力

图 2-2（续）

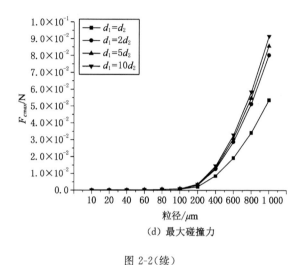

(d) 最大碰撞力

图 2-2(续)

由图可见,范德华力、静态液桥力、动态黏性力以及最大碰撞力都随着粒径和粒径比的增加而增大,但是不同的粒径比下四种力的增大幅度各不相同。其中,作为团聚力的静态液桥力对粒径比最为敏感,粒径比越大,静态液桥力增加的幅度越大;而最大碰撞力对粒径比的变化最不敏感,粒径比为 10 时的最大碰撞力与粒径比为 2 时非常接近。因此,对于粒径一定的小颗粒,随着与它团聚的大颗粒粒径的增大,团聚力和分散力随着粒径比的增加呈现不同的增大幅度,静态液桥力的增幅远大于曳力和碰撞力,颗粒的分散变得困难。相对于等径颗粒形成的团聚体,小颗粒与大颗粒形成的团聚体更不易分离。脱粉难(小颗粒黏附在大颗粒上)的原因不仅与力随颗粒粒径的变化有关,还与力随颗粒粒径比的变化有关。

2.2.2 煤质的影响

在范德华力的计算中所用的 Hamaker 常数 A 与颗粒的折射

率、介电常数等物性有关,可按下式计算[202-204]:

$$A = A_{v=0} + A_{v>0} = \frac{3}{4}BT\left[\frac{\varepsilon_1 - \varepsilon_0}{\varepsilon_1 + \varepsilon_0}\right]^2 + \frac{3hV_e(N_1^2 - n_0^2)^2}{16\sqrt{2}(N_1^2 + n_0^2)^{3/2}}$$

(2-17)

式中,h 为 Plank 常数;B 为 Boltzman 常数;T 为绝对温度;ε_0 和 n_0 分别为真空介电常数和真空折射率;$V_e = 3.0 \times 10^{15}$ s^{-1},为吸附频率;ε_1 和 N_1 分别为颗粒物质的介电常数和折射率,对于煤颗粒,ε_1 在 $2 \sim 10$ 范围内且随着含水量的增加而急剧下降,N_1 在 $1.5 \sim 2.0$ 范围内且随着煤的变质程度加深而增加[205]。

利用式(2-17)计算了 Hamaker 常数随介电常数和折射率的变化关系,如图 2-3 所示。结果表明,Hamaker 常数随着折射率和介电常数的增加而增大,但对折射率的变化更为敏感。由于煤的折射率随着煤的变质程度加深而增加,因此,煤中灰分越大,矿物含量越多,Hamaker 常数越大,颗粒间的范德华力越大。由于湿颗粒间的静态液桥力远大于范德华力,所以 Hamaker 常数的变化对干燥颗粒影响较大,而对湿颗粒的影响很小,可以忽略。

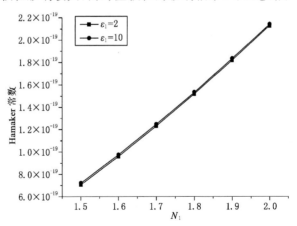

图 2-3 Hamaker 常数随介电常数和折射率的变化

对湿颗粒间静态液桥力影响较大的是颗粒的固液接触角。图2-4 为静态液桥力随煤水接触角的变化曲线。由图可见,当颗粒间距一定时,静态液桥力随着接触角的增加而减小,且粒径比越大,这种减小趋势越明显。接触角的增大意味着颗粒润湿性的减小,而煤的湿润性随着煤中灰分含量的增加而提高[206],灰分越高,湿润性越好,接触角越小,静态液桥力越大[207-208]。相对于低灰煤,潮湿的高灰煤颗粒间的静态液桥力较大而不易分散。

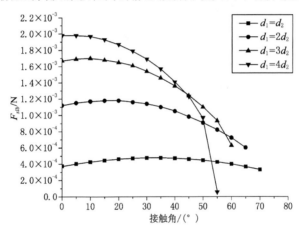

图 2-4 静态液桥力随煤水接触角的变化

2.2.3 外水含量的影响

煤越潮湿,外水含量越大,颗粒间形成的液桥体积越大。利用式(2-2)～式(2-7)计算了颗粒粒径 d_2 为 $100\ \mu m$ 时不同液桥体积下的静态液桥力,得到静态液桥力随着液桥体积的变化关系,如图 2-5 所示。

由图 2-5 可见,在粒径比和接触角一定时,静态液桥力随着液桥体积的增加先快速增加,达到峰值后缓慢减小,且粒径比越大,接触角越小,静态液桥力的峰值越大。相同粒径比下,接触角越大,静态液桥力到达峰值后衰减越快,静态液桥力对液桥体积的变化越敏感。粒径比和液桥体积相同时,接触角越小,静态液桥力越大。接触角和液桥体积相同时,粒径比越大,静态液桥力越大。因此,随着外水含量的增加,颗粒间的液桥体积变大,潮湿煤的团聚快速增强,在一定水分下,团聚会达到最强(静态液桥力达到峰值),之后随着外水含量的增加,团聚会略有下降。

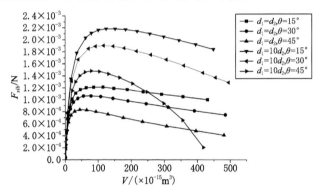

图 2-5　静态液桥力随液桥体积的变化

2.2.4　相对碰撞速度的影响

由于碰撞力是较强的分离力,因此在设备中增加颗粒间的碰撞或设置振动机构可有助于湿颗粒的分离。图 2-6 描述了不同粒径比下碰撞力随颗粒间相对碰撞速度的变化曲线。由图可见,碰撞力与相对运动速度 v_{pp} 几乎成线性关系,随着相对运动速度 v_{pp} 的增加而增大,直线的斜率与颗粒的粒径比有关。因此,颗粒间的相对碰撞速度越大,粒径比越大,碰撞力越强。当粒径比较大时,碰撞力随粒径比的变化则很小,碰撞力只随相对碰撞速度增加而增强。

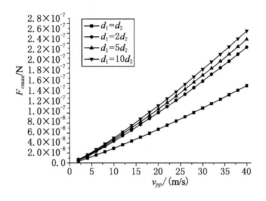

图 2-6　碰撞力随相对碰撞速度的变化

2.2.5　流场速度的影响

图 2-7 描述了颗粒相对于流体不同运动速度时所受到的流体曳力。由图可见,在流体作用下颗粒上的流体曳力随着颗粒相对流体运动速度的增加而增大,流速较小时,曳力增加较快,随着流速的变大,曳力增大的幅度越来越小,曳力曲线变得平缓。相同流

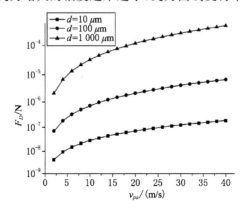

图 2-7　曳力随相对运动速度的变化

场和相对速度下,颗粒粒径越大,受到的曳力作用也越强。作为气流分级中主要的分散力,流体曳力对大颗粒有较好的分散效果。

2.3 本章小结

将细粒煤简化成球形颗粒,对气流分级中潮湿颗粒的各种受力进行了分析和量级计算,并讨论了颗粒粒径比、颗粒运动速度、颗粒的外水含量、颗粒的物理性质、外部的气流速度以及颗粒间的碰撞对潮湿颗粒团聚和分散的影响,对分级机内气固两相流中潮湿细颗粒煤的团聚和分散的机理作了简要的力学分析,得到如下结论:

(1)范德华力是促使干燥颗粒团聚的主要作用力,静态液桥力是促使潮湿颗粒团聚的主要作用力,曳力和碰撞力是使颗粒分散的作用力。在气流分级中,加入碰撞可破坏颗粒的团聚,有助于湿颗粒分散。

(2)气流分级中脱粉难(小颗粒黏附在大颗粒上)问题不仅与力随颗粒粒径的变化有关,还与力随颗粒粒径比的变化相关。随着粒径比的增加,静态液桥力的增幅远大于曳力和碰撞力。相对于等径颗粒形成的湿煤团聚体,小颗粒黏附于大颗粒而形成的团聚体更不易解聚。

(3)静态液桥力随着固液接触角的增加而减小,且粒径比越大,减小越快。煤的灰分越高,湿润性越好,接触角越小,静态液桥力越大。相对于低灰煤,潮湿的高灰煤形成的聚团更不易解聚。

(4)粒径比和接触角一定时,静态液桥力随着液桥体积的增加先快速增大,达到峰值后缓慢减少,且粒径比越大,接触角越小,静态液桥力的峰值越大。相同粒径比下,接触角越大,静态液桥力到达峰值后衰减越快。因此,随着外水含量的增加,颗粒间的液桥体积变大,潮湿煤的团聚快速增强,在一定水分下,团聚达到最强

（静态液桥力达到峰值），之后随着外水含量的增加，团聚略有下降。

（5）颗粒间的碰撞力随着相对碰撞速度的增加而增大，近似成线性关系，直线的斜率与颗粒的粒径比有关。颗粒间的相对碰撞速度越大，粒径比越大，碰撞力越强。在分级设备中增强碰撞有助于解聚。

（6）在流体作用下颗粒上的流体曳力随着气流速度的增加而增大，流速较小时，流体曳力增大较快，随着流速的变大，流体曳力增大变缓。相同流场下，颗粒粒径越大，受到的流体曳力作用也越强。流体曳力主要对大颗粒有较好的分散效果。

3 潮湿细粒煤团聚的分形表征及影响因素

3.1 引言

由于煤颗粒成分复杂,粒径、形状分布不一,影响潮湿煤颗粒团聚的因素众多,从煤的某些理化性质来研究团聚较为困难,对煤的团聚缺乏合适的表征。分形理论是描述自然界中复杂和不规则空间形体特征的一个有效工具。分形是对那些没有特征尺度而又具有相似性的图形、构造及现象的总称,它反映了自然界中局部与整体在形态、功能、信息与时间上的自相似性[66,71]。自然界许多固体物质都以颗粒群状态存在。研究表明:颗粒粒径、颗粒表面积、颗粒体积等具有自相似性[76,81]。粒径相同的煤颗粒潮湿后发生团聚,形成粒径不等的团聚体,每个团聚体都是初始颗粒的放大,团聚体和初始煤颗粒有一定的相似性,具有统计意义下的自相似特点,可借助于分形几何的相关理论来研究。分形理论对团聚的研究在土壤学中已获得了广泛的应用。

具有分形特征的颗粒体系,颗粒数量和尺度间存在幂律关系[74]:

$$N(r \geqslant R) = CR^{-D} \tag{3-1}$$

式中,$N(r>R)$ 为粒径大于 R 的颗粒数量;D 为数量-粒径分形维数。则有:

$$N(r \geqslant R_{\min}) = N_T = CR_{\min}^{-D} \tag{3-2}$$

其中,N_T 是颗粒总数量;$R_{\min}$ 为最小颗粒尺寸。

将式(3-1)和式(3-2)相比可得:

$$\frac{N(r \geqslant R)}{N_T} = \left(\frac{R}{R_{\min}}\right)^{-D} \tag{3-3}$$

则有：

$$D = -\frac{\ln[N(r \geqslant R)/N_T]}{\ln(R/R_{\min})} \tag{3-4}$$

计算中分别以 $\ln(R/R_{\min})$、$\ln(N/N_T)$ 为横、纵坐标作图，用线性回归拟合方程的斜率，可得数量-粒径分形维数 D，由 $\ln(R/R_{\min})$ 和 $\ln(N/N_T)$ 的相关系数可判定系统的分形程度。一般认为，若 $\ln(R/R_{\min})$ 和 $\ln(N/N_T)$ 的相关系数达到 0.9 以上，可认为该系统具有分形特征[70]，且相关系数越大，系统的分形特征越显著。

本章借鉴土壤团聚的研究方法，从统计角度研究煤的团聚，建立细粒煤团聚的统计自相似分形模型，对潮湿细粒煤进行了团聚实验，借助于分形维数来表征颗粒的团聚，研究了细粒煤的外水含量、初级粒径和密度对团聚的影响。

3.2　团聚的分形模型

3.2.1　理想团聚的分形模型

假设初级颗粒为边长为 h_0、体积为 V_0 的立方体，数目为 N_0 个，每 8 个初级颗粒团聚成一个 1 级聚团，每 8 个 1 级聚团可团聚成一个 2 级聚团，以此类推，如图 3-1 所示。假设每级聚团和其上一级聚团完全相似，相似比 h_{k+1}/h_k 为 2。k 级聚团中能团聚成 $k+1$ 级聚团的数目与 k 级聚团总数之比定义为团聚概率 P。假设每次团聚的团聚概率相同。

· 1 次团聚后

生成的 1 级聚团（边长 $2h_0$）的数目为：

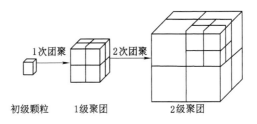

图 3-1　理想分形团聚模型

$$N'_1 = PN_0/8 \tag{3-5}$$

未团聚的初级颗粒数目为：

$$N_1 = N_0(1-P) \tag{3-6}$$

· 2 次团聚后

生成 2 级聚团（边长 $2^2 h_0$）数目为：

$$N'_2 = N_1 P/8 = N_0 P^2/8^2 \tag{3-7}$$

未团聚的 1 级聚团数目为：

$$N_2 = N'_1(1-P) = PN_0(1-P)/8 \tag{3-8}$$

$$\vdots$$

· n 次团聚后

生成 n 级聚团（边长 $2^n h_0$）数目为：

$$N'_n = N_0 P^n/8^n \tag{3-9}$$

未团聚的 $n-1$ 级聚团数目为：

$$N_n = N_0(1-P)P^{n-1}/8^{n-1} \tag{3-10}$$

则

$$N(r \geqslant 2^n h_0) = N_0 P^n/8^n = C(2^n h_0)^{-D} \tag{3-11}$$

$$N(r \geqslant h_0) = N_0(1-P) + PN_0(1-P)/8 + \cdots +$$
$$P^{n-1} N_0(1-P)/8^{n-1} + N_0 P^n/8^n$$
$$= Ch_0^{-D} \tag{3-12}$$

则有：

$$\frac{P^n/8^n}{(1-P)+P(1-P)/8+\cdots+P^{n-1}(1-P)/8^{n-1}+P^n/8^n}=(2^n)^{-D}$$

（3-13）

即：

$$D=-\frac{1}{n}\log_2\left[\frac{P^n/8^n}{(1-P)+P(1-P)/8+\cdots+P^{n-1}(1-P)/8^{n-1}+P^n/8^n}\right]$$

（3-14）

由式(3-14)可见，理想团聚时，聚团的数量-粒径分形维数与团聚概率 P、聚团次数 n 有关。P 一定时，n 越大，D 越小；n 一定时，P 越大，D 越小。因此，D 越小，意味着团聚越强。

3.2.2　颗粒团聚的统计自相似分形模型

实际的颗粒和颗粒团聚体不是立方体，团聚也会生成许多大小不同的聚团，故对上述理想团聚模型做出改进。设初级颗粒一次团聚产生 m 种粒径的聚团$(r_1h_0,r_2h_0,\cdots,r_mh_0)$，其相似比$(r_1,r_2,\cdots,r_m)$服从某种概率分布函数 $f=\{f_1,f_2,\cdots,f_m\}$ 且 $\sum f_i=1$。假设每次团聚的团聚概率 P 相同。

· 1 次团聚后

生成的 1 级聚团数目为：

$$N'_1=N_0P[f_1r_1^{-3}+f_2r_2^{-3}+\cdots+f_mr_m^{-3}]$$ （3-15）

未团聚的初级颗粒数目为：

$$N_1=N_0(1-P)$$ （3-16）

· 2 次团聚后

生成 2 级聚团数目为：

$$N'_2=N_0P^2[f_1r_1^{-3}+f_2r_2^{-3}+\cdots+f_mr_m^{-3}]^2$$ （3-17）

未团聚的 1 级聚团数目为：

$$N_2 = N'_1(1-P) = N_0P[f_1r_1^{-3} + f_2r_2^{-3} + \cdots + f_mr_m^{-3}](1-P)$$

$$\tag{3-18}$$

$$\vdots$$

· n 次团聚后

生成 n 级聚团数目为：

$$N'_n = N_0P^n[f_1r_1^{-3} + f_2r_2^{-3} + \cdots + f_mr_m^{-3}]^n \tag{3-19}$$

未团聚的 $n-1$ 级聚团数目为：

$$N_n = N_0(1-P)P^{n-1}[f_1r_1^{-3} + f_2r_2^{-3} + \cdots + f_mr_m^{-3}]^{n-1}$$

$$\tag{3-20}$$

n 次团聚后和 $n+1$ 次团聚后颗粒的总数分别为：

$$N_{nt} = N_1 + N_2 + \cdots N_n + N'_n$$

$$\approx N_0(1-P)\sum_{j=1}^{n-1}P^j[f_1r_1^{-3} + f_2r_2^{-3} + \cdots + f_mr_m^{-3}]^j$$

$$= N_0(1-P)\frac{1-Q^n}{1-Q} \tag{3-21}$$

$$N_{(n+1)t} = N_1 + N_2 + \cdots + N_n + N_{n+1} + N'_{n+1}$$

$$\approx N_0(1-P)\sum_{j=1}^{n}P^j[f_1r_1^{-3} + f_2r_2^{-3} + \cdots + f_mr_m^{-3}]^j$$

$$= N_0(1-P)\frac{1-Q^{n+1}}{1-Q} \tag{3-22}$$

其中 $Q = P^j[f_1r_1^{-3} + f_2r_2^{-3} + \cdots + f_mr_m^{-3}]$，则：

$$\frac{N_{(n+1)t}}{N_{nt}} = \frac{1-Q^{n+1}}{1-Q^n} \approx Q = P^j[f_1r_1^{-3} + f_2r_2^{-3} + \cdots + f_mr_m^{-3}]$$

$$\tag{3-23}$$

由于初级颗粒 1 次团聚产生 m 种粒径聚团 $[r_1h_0, r_2h_0, \cdots, r_mh_0]$，所以 n 次团聚后颗粒的粒径分布为 $[h_0r_1^n, h_0r_2^n, \cdots, h_0r_m^n]$。

根据概率分布的数学期望，可利用粒径分布的数学期望 $E(h_0r_i^n)$ 作为粒径的代表值：

$$E(h_0r_i^n) = f_1h_0r_1^n + f_2h_0r_2^n + \cdots + f_mh_0r_m^n \tag{3-24}$$

由式(3-1)可得：

$$N_{nt}(> E(h_0 r_i^n)) = c[f_1 h_0 r_1^n + f_2 h_0 r_2^n + \cdots + f_m h_0 r_m^n]^{-D}$$

$$(3-25)$$

$$N_{(n+1)t}(> E(h_0 r_i^{n+1})) = c[f_1 h_0 r_1^{n+1} + f_2 h_0 r_2^{n+1} + \cdots + f_m h_0 r_m^{n+1}]^{-D}$$

$$(3-26)$$

则：

$$\frac{N_{(n+1)t}}{N_{nt}} = \left(\frac{f_1 h_0 r_1^{n+1} + f_2 h_0 r_2^{n+1} + \cdots + f_m h_0 r_m^{n+1}}{f_1 h_0 r_1^n + f_2 h_0 r_2^n + \cdots + f_m h_0 r_m^n} \right)^{-D}$$

$$\approx (r_1 \times r_2 \times \cdots \times r_m)^{-D} \qquad (3-27)$$

所以有：

$$(r_1 \times r_2 \times \cdots \times r_m)^{-D} = P[f_1 r_1^{-3} + f_2 r_2^{-3} + \cdots + f_m r_m^{-3}]$$

$$(3-28)$$

即：

$$D = -\log P[f_1 r_1^{-3} + f_2 r_2^{-3} + \cdots + f_m r_m^{-3}]/\log(r_1 \times r_2 \times \cdots \times r_m)$$

$$(3-29)$$

由式(3-29)可见,分形维数与团聚概率 P、聚团相似比 r 分布以及相似比的概率分布 f 有关。当相似比 r 以及相似比的概率分布 f 一定时,分形维数越小,则团聚概率越大,团聚越强。

3.3　潮湿细粒煤的团聚实验

3.3.1　实验方法

潮湿细颗粒煤的团聚是一种软团聚,团聚体极易破碎而不易测量。Knight 等[107-109]研究了制粒中的团聚过程发现:当液体黏度大于 1 Pa·s 时,液体的黏度决定着团聚过程,而当液体黏度小于 1 Pa·s 时,团聚过程主要由液体的表面张力决定。在去离子水里掺入少量的明胶作为黏合剂,配置的明胶-水溶液黏度系数低于 1 Pa·s 且表面张力系数接近于水,故采用明胶-水溶液实施的团聚与水的团聚过程较为相似。采用搅拌滚团造粒法对细粒煤进行团聚造粒,而晾干后的团聚体由于明胶的胶合作用不易破碎,从而将煤的团聚相固定,后续的处理中不易破碎,可通过筛分称重得到各粒级聚团的质量分布。

3.3.2 实验仪器及材料

3.3.2.1 实验仪器

去离子水,明胶(化学纯,天津市福晨化学试剂厂),JA3103 型高精度电子天平(上海精密科学仪器有限公司),HS-4 型精密恒温浴槽(成都仪器厂,−15～95 ℃),JJ-1 型精密电动搅拌器(江苏金坛鸿科仪器厂),石膏振荡器(苏州威尔实验用品有限公司),NDJ-99 型旋转黏度计(成都仪器厂),游标卡尺,U 形管,滴瓶,10 mL 量筒,标准工业筛,表面皿和烧杯若干。

3.3.2.2 煤样制备

实验采用了陕西省神木县大柳塔选煤厂提供的原煤,利用标准工业筛对破碎后的原煤进行筛分,得到粒径为 0.044～0.1 mm,0.1～0.3 mm,0.3～0.5 mm,0.5～0.8 mm 四个粒级的煤样,再经过大浮沉或小浮沉实验对各粒级的煤样进行密度分选,获得 5 个密度级的煤样,密度分别为 <1.4 g/cm³,1.4～1.5 g/cm³,1.5～1.6 g/cm³,1.6～1.8 g/cm³ 以及 >1.8 g/cm³。

3.3.2.3 明胶-水溶液的制备

称取一定质量的明胶颗粒置于大烧杯中,加入去离子水,质量分数为 8.12%,搅拌使其溶解,静置 2 h,待明胶充分溶胀后置于 60 ℃恒温浴槽中加热并轻轻摇荡,直至全溶,保持明胶-水溶液在水浴炉中恒温待用。

3.3.2.4 明胶-水溶液的物理参数

采用 U 形管法分别测量了 60 ℃ 时水和配置的明胶-水溶液的表面张力系数,$\sigma_{水} = 7.238 \times 10^{-3}/m$,$\sigma_{明胶-水} = 8.526 \times 10^{-3}/m$。利用旋转黏度计测量明胶-水溶液 30～60 ℃ 的黏度系数,测量结果见图 3-2,其中 60 ℃ 时明胶-水溶液的黏度系数为 0.014 Pa・s。

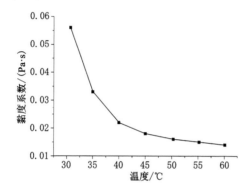

图 3-2　明胶-水溶液黏度系数随温度变化关系

3.3.3　团聚过程

采用搅拌滚团造粒法对潮湿细粒煤进行团聚造粒。搅拌滚团造粒法是将某种液体或黏结剂掺入固态粉末中并适当地搅拌和振动而产生团粒的一种造粒方法,其造粒机理是团聚造粒。称取一定质量的煤样,喷洒一定质量的明胶-水溶液,搅拌均匀后 2 min 放入振荡器振荡 10 min(频率 200 次/min,振幅 10 mm),小心倒在干净白纸上分散后静置,使团聚体晾干硬化,24 h 后筛分称量各粒级团聚体的质量,计算分形维数。

3.4 团聚的分形表征及影响因素

3.4.1 团聚的分形特征和分形维数

称取 7 份质量为 60.000 g,粒径 0.1~0.3 mm,密度 1.4~1.5 g/cm³煤样,分别加入 2~12 g 的明胶-水溶液进行团聚,晾干后筛分再称量,测得外水含量为 3.23%、6.25%、9.09%、11.77%、14.27%、15.52%和 16.71%时各粒级团聚体的质量百分比分布,列于表 3-1。

表 3-1 不同外水含量下潮湿细粒煤团聚体的质量百分比分布

团聚体粒级 /mm	外 水 含 量/%						
	3.23	6.25	9.09	11.76	14.27	15.52	16.71
5.0~3.5	1.124%	6.018%	7.511%	9.906%	4.408%	17.769%	17.405%
3.5~2.0	2.644%	3.231%	6.603%	6.821%	10.315%	6.797%	14.887%
2.0~1.0	3.503%	1.486%	4.195%	6.265%	11.265%	7.085%	20.677%
1.0~0.8	0.343%	0.150%	0.435%	0.407%	0.513%	0.617%	1.194%
0.8~0.6	0.585%	0.237%	0.562%	0.749%	1.159%	1.231%	3.382%
0.6~0.5	0.859%	0.298%	0.642%	1.171%	2.643%	2.439%	6.106%
0.5~0.4	1.159%	0.451%	1.611%	6.371%	3.788%	3.953%	5.673%
0.4~0.28	25.201%	18.131%	24.612%	33.460%	25.998%	23.432%	13.347%
0.28~0.2	15.401%	27.775%	21.526%	11.248%	15.901%	15.155%	7.891%
0.2~0.1	49.181%	42.222%	32.304%	23.603%	24.010%	21.521%	9.437%

利用各粒级煤的平均粒径和密度计算单个煤粒的质量,再由该粒级内煤的重量得出颗粒数目,即可由式(3-3)得出团聚体数量-粒径分形维数 D。表 3-2 中列出了以外水含量 9.09%的团聚体为例,计算分形维数的处理过程。

表 3-2 ln (N/N_T) 和 ln (R/R_{min}) 的计算 (外水含量 9.09%)

团聚体粒级/mm	质量/g	平均粒径/mm	单个颗粒质量/g	颗粒数量	ln (N/N_T)	ln (R/R_{min})
5.0～3.5	7.511	4.25	4.823 3E−04	1.557E+01	−1.170E+01	3.555E+00
3.5～2.0	6.603	2.75	1.306 7E−04	5.053E+01	−1.025E+01	2.996E+00
2.0～1.0	4.195	1.50	2.120 6E−05	1.978E+02	−8.868E+00	2.303E+00
1.0～0.8	0.435	0.90	4.580 4E−06	9.497E+01	−8.561E+00	2.079E+00
0.8～0.6	0.562	0.70	2.155 1E−06	2.608E+02	−8.015E+00	1.792E+00
0.6～0.5	0.642	0.55	1.045 4E−06	6.141E+02	−7.326E+00	1.609E+00
0.5～0.4	1.611	0.45	5.725 6E−07	2.814E+03	−6.138E+00	1.386E+00
0.4～0.28	24.612	0.34	2.469 5E−07	9.966E+04	−2.895E+00	1.030E+00
0.28～0.2	21.526	0.24	8.685 9E−08	2.478E+05	−1.674E+00	6.931E−01
0.2～0.1	32.304	0.15	2.120 6E−08	1.523E+06	0.000E+00	0.000E+00

采用相同的方法，可计算外水含量 9.09% 下 ln (N/N_T) 和 ln (R/R_{min}) 的相关系数以及分形维数和水分的相关系数，结果绘于图 3-3。

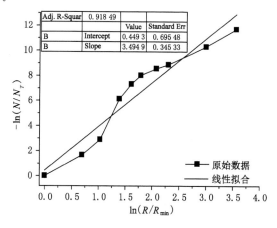

图 3-3 分形维数的计算 (外水含量 9.09%)

水分的增加引起颗粒的团聚,使得各粒级中聚团质量百分比发生了变化。由表 3-1 可见,同一粒级中,质量百分比并不是随着水分的增加单一地增大(大粒级)或减小(小粒级),而不同粒级中,聚团质量百分比随外水含量的变化规律也各不相同,团聚引起的各粒级质量的变化具有较强的随机性,某个或某几个粒级的质量百分比的变化无法全面地反映团聚的强弱。而计算得到的 $\ln(N/N_T)$-$\ln(R/R_{min})$ 的相关系数为 $0.938 \sim 0.994$,说明团聚体的数量与粒径分布具有较强的分形关系,可用数量-粒径分形维数来表征团聚。团聚形成了许多不同粒径的团聚体,团聚越强,粒径发生变化的颗粒越多(团聚概率越大);大粒径的聚团数量越多(团聚次数越多),则分形维数越小,因而可从分形维数的变化评判团聚的强弱。分形维数越小,团聚越强。

3.4.2 水分对团聚的影响

由图 3-4 可见,当外水含量从 3.23% 增加到 16.71% 时,初级粒径为 $0.1 \sim 0.3$ mm 的聚团数量-粒径分形维数从 4.028 下降为 2.889,分形维数随着水分的增加而减小,说明团聚随着水分的增大而增强。从分形维数的变化可见,外水含量在 $3.23\% \sim 9.09\%$ 之间,分形维数曲线的下降较为陡峭,说明这一区间团聚对水分的变化较敏感,团聚概率增加较快,水分的加入黏结了颗粒,引起聚团粒径较大的变化。外水含量在 $9.09\% \sim 14.27\%$ 之间,分形维数曲线变得较为平缓,水分的加入主要填充了已有聚团内颗粒间的毛细状的孔隙,对聚团粒径的变化影响较小,分形维数的变化较小,但由于水分填充了聚团内较多的孔隙,而使聚团强度增加,聚团不易解聚[100-101]。当水分超过 14.27% 后分形维数又快速下降,从表 3-1 中可见这时迅速增强的团聚主要是源于大粒径聚团($5.0 \sim 3.5$ mm)的迅速增多。水分与分形维数相关系数为 -0.921,有显著的负相关性,团聚随着水分的增多而增强。

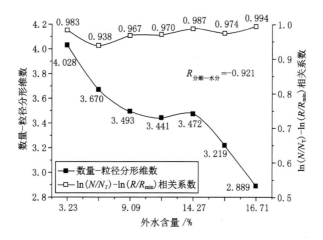

图 3-4　不同水分下分形维数和 $\ln(N/N_T)$-$\ln(R/R_{min})$ 相关系数

3.4.3　密度对团聚的影响

分别称取密度为 <1.4 g/cm³，$1.4\sim1.5$ g/cm³，$1.5\sim1.6$ g/cm³，$1.6\sim1.8$ g/cm³ 以及 >1.8 g/cm³，初级粒径为 $0.044\sim0.1$ mm 和 $0.3\sim0.5$ mm 细粒煤各 80.000 g，加入 8.000 g 明胶-水溶液进行团聚，获得了外水含量为 9.09%、不同密度下、两种初级粒径的细粒煤聚团的质量分布，分别列于表 3-3 和表 3-4 中，计算得到细粒煤团聚体的数量-粒径分形维数随密度的变化关系，绘于图 3-5。

表 3-3　不同密度下潮湿细粒煤团聚体的质量分布
（初级粒径 0.044～0.1 mm）

团聚体粒级 /mm	密度/(g/cm³)				
	<1.4	1.4～1.5	1.5～1.6	1.6～1.8	>1.8
5.0～3.5	1.899%	1.910%	1.299%	2.168%	3.008%
3.5～2.0	3.562%	4.120%	5.567%	5.714%	5.431%

表 3-3(续)

团聚体粒级 /mm	密度/(g/cm³)				
	<1.4	1.4~1.5	1.5~1.6	1.6~1.8	>1.8
2.0~1.0	4.663%	5.602%	10.21%	9.275%	9.203%
1.0~0.8	0.668%	0.767%	0.863%	0.637%	0.875%
0.8~0.6	0.814%	1.352%	1.553%	1.399%	0.577%
0.6~0.5	1.623%	1.395%	2.395%	3.331%	1.734%
0.5~0.4	1.011%	0.915%	0.549%	0.691%	1.722%
0.4~0.28	1.754%	1.413%	1.554%	1.430%	4.755%
0.28~0.2	1.427%	2.372%	2.445%	0.167%	0.313%
0.2~0.1	57.954%	48.139%	42.659%	35.932%	36.689%
0.1~0.044	24.626%	32.015%	30.906%	39.256%	36.093%

表 3-4 不同密度下潮湿细粒煤团聚体的质量分布

(初级粒径 0.3~0.5 mm)

团聚体粒级 /mm	密度(g/cm³)				
	<1.4	1.4~1.5	1.5~1.6	1.6~1.8	>1.8
5.0~3.5	8.807%	10.004%	16.482%	11.588%	11.309%
3.5~2.0	7.209%	7.188%	4.335%	8.921%	9.254%
2.0~1.0	18.742%	16.192%	5.507%	15.876%	16.470%
1.0~0.8	0.804%	0.782%	1.118%	1.086%	2.998%
0.8~0.6	2.041%	2.107%	2.361%	3.116%	6.531%
0.6~0.5	16.325%	19.105%	26.566%	18.868%	14.469%
0.5~0.4	29.402%	31.007%	29.278%	28.569%	22.740%
0.4~0.28	16.671%	13.616%	14.354%	11.976%	16.227%

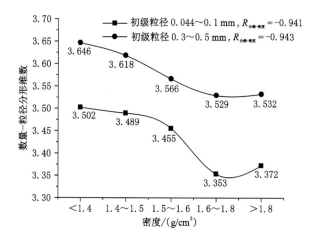

图 3-5　分形维数随密度的变化关系

表 3-3 和表 3-4 显示不同密度下潮湿细粒煤团聚体质量分布的随机性,并不是单一地增加(大粒级)或减少(小粒级)。由图 3-5 可见,在外水含量都为 9.09% 时,初级粒径 0.044~0.1 mm 的不同密度细粒煤团聚体的数量-粒径分形维数为 3.353~3.502,初级粒径 0.3~0.5 mm 的不同密度细粒煤团聚体的数量-粒径分形维数为 3.529~3.646。分形维数随着密度的增加先减小,在密度为 1.6~1.8 g/cm³ 左右达到最小,然后又略有增加。一般认为,原煤的密度越大,矿物含量越多[209],且矿物中的伊利石、蒙脱石和高岭土等黏土矿物是引起潮湿煤团聚的主要原因[210],故而煤的密度越大,黏土矿物含量越多,团聚应越强。而分形维数的变化表明团聚并不是随着煤的密度(矿物含量)增加而持续增强,分形维数最小、团聚最强的是密度为 1.6~1.8 g/cm³ 附近的潮湿细粒煤。文献[211]至文献[213]利用 DLVO 理论计算了黏土矿物中的蒙脱石、高岭土与煤之间的总作用势能。计算表明,煤与高岭土间的总作用势能小于高岭土与高岭土颗粒之间

的势能,煤与蒙脱石间的总作用势能亦小于蒙脱石与蒙脱石颗粒之间的势能。因此,煤与高岭土间的团聚易于高岭土颗粒之间的团聚,煤与蒙脱石间的团聚也易于蒙脱石颗粒之间的团聚,且蒙脱石的网架结构还会将煤颗粒包裹其中而增强团聚。所以煤的团聚是有选择性的,在其潮湿过程中接触到的颗粒中,煤颗粒更倾向于和作用势能小的颗粒发生团聚,颗粒间的作用势能越小,团聚概率较大。因此,煤的团聚应与煤中矿物的含量的多少有关,煤中矿物含量在某个范围内,团聚概率较大,团聚较强,因而分形维数在煤密度为 $1.6 \sim 1.8$ g/cm³ 附近出现最小值,煤中矿物含量较低或较高时,煤颗粒与煤颗粒、矿物和矿物颗粒间团聚概率小于煤颗粒与矿物颗粒间团聚概率,团聚会减弱。而通过分形维数来表征团聚强弱、煤的团聚与煤中黏土矿物种类和含量的关系,可以进一步展开研究。此外,煤中有机物的菌类体的机械缠绕和腐殖类物质的黏结作用也会增强团聚,团聚是煤中各种无机物和有机物综合作用的结果。对于初级粒径为 $0.044 \sim 0.1$ mm 的潮湿细粒煤团聚体,分形维数与密度的相关性为 -0.941,初级粒径为 $0.3 \sim 0.5$ mm 的潮湿细粒煤团聚体,分形维数与密度的相关性为 -0.943,粒径越小,矿物解离越充分,密度对团聚的影响越强,分形维数的变化越大。

3.4.4 粒径对分形维数的影响

在已获得了外水含量 9.09%,密度为 $1.4 \sim 1.5$ g/cm³,初级粒径为 $0.044 \sim 0.1$ mm、$0.1 \sim 0.3$ mm、$0.3 \sim 0.5$ mm 的细粒煤聚团的数量-粒径分形维数后,最后又做了外水含量 9.09%、密度为 $1.4 \sim 1.5$ g/cm³、初级粒径为 $0.5 \sim 0.8$ mm 的细粒煤团聚实验,以评价颗粒的初级粒径对团聚的影响。实验获得初级粒径为 $0.5 \sim 0.8$ mm 的细粒煤团聚体的质量分布列于表 3-5。

表 3-5 初级粒径 0.5~0.8 mm 细粒煤团聚体的质量分布

团聚体粒级/mm	团聚体质量百分比/%
5.0~3.5	8.287
3.5~2.0	13.623
2.0~1.0	8.490
1.0~0.8	25.884
0.8~0.6	31.52
0.6~0.5	11.546

图 3-6 绘制了密度(1.4~1.5 g/cm³)相同、外水含量 (9.09%)相同时,不同初级粒径的细粒煤形成的团聚体的数量-粒径分形维数。由图可见,细粒煤的初级粒径从 0.044 mm 变化到 0.8 mm,分形维数从 3.489 增加到 3.807,分形维数随着粒径增大而快速增加,说明团聚随着粒径的增大在而减弱。对于初级粒径为 0.1 mm 的细粒煤,团聚可形成粒径为 5 mm 的团聚体,是初级粒径的 50 倍,但对于初级粒径为 0.5 mm 的细粒煤,要形成粒径为 50 倍初级粒径的团聚体,则非常困难。由第 2 章力的量级计算可知,促使湿颗粒团聚的力主要为静态液桥力,而随着颗粒粒径的增大,重力愈来愈接近静态液桥力,甚至超过,使得团聚不易发生,因而分形维数随着粒径的增大而变大。团聚体的数量-粒径分形维数和颗粒的初级粒径间有很强的相关性,相关系数高达到 0.986。

3.4.5 实验误差

由于实验中的煤样有限,同一种煤样的团聚实验不能多次重复,故称取了粒径<0.1 mm,密度<1.4 g/cm³ 和粒径 0.1~0.3 mm,密度 1.4~1.5 g/cm³ 以及粒径 0.3~0.5 mm,密度 1.5~1.6 g/cm³ 的三种煤样 70.000 g,加入 7.000 g 明胶-水溶液,使外水含

量都为 9.09％，各自进行了两次相同的团聚实验，来评判实验的误差。两次实验获得的各粒径下团聚体质量和计算得出的质量-粒径分形维数列于表 3-6。

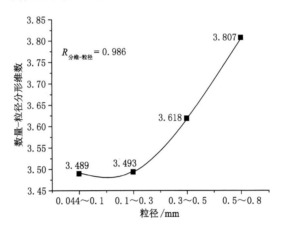

图 3-6　分形维数随初级粒径的变化关系

表 3-6　　　　两组实验中的团聚体质量和分形维数

团聚体粒级 /mm	煤样 1：粒径 0.044～0.1 mm 密度<1.4 g/cm³		煤样 2：粒径 0.1～0.3 mm 密度 1.4～1.5 g/cm³		煤样 3：粒径 0.3～0.5 mm 密度 1.5～1.6 g/cm³	
	第一组	第二组	第一组	第二组	第一组	第二组
5.0～3.5	1.899％	1.228％	7.511％	4.227％	16.482％	13.417％
3.5～2.0	3.562％	3.538％	6.603％	7.498％	4.335％	8.489％
2.0～1.0	4.663％	5.932％	4.195％	8.980％	5.507％	14.262％
1.0～0.8	0.668％	1.526％	0.435％	0.318％	1.118％	0.775％
0.8～0.6	0.814％	1.787％	0.562％	1.156％	2.361％	3.241％
0.6～0.5	1.623％	2.136％	0.642％	2.020％	26.566％	23.254％
0.5～0.4	1.011％	0.743％	1.611％	3.754％	29.278％	25.2376％

表 3-6(续)

团聚体粒级 /mm	煤样1:粒径0.044~0.1 mm 密度<1.4 g/cm³		煤样2:粒径0.1~0.3 mm 密度1.4~1.5 g/cm³		煤样3:粒径0.3~0.5 mm 密度1.5~1.6 g/cm³	
	第一组	第二组	第一组	第二组	第一组	第二组
0.4~0.28	1.754%	0.871%	24.612%	28.936%	14.354%	11.187%
0.28~0.2	1.427%	1.302%	21.526%	16.178%	0	0
0.2~0.1	57.954%	58.292%	32.304 %	23.921%	0	0
0.1~0.044	24.626%	22.644%	0	0	0	0
煤样总质量/g	74.384	74.619	74.215	74.735	75.383	75.560
分形维数	3.502	3.496	3.493	3.542	3.566	3.492
分形维数差值	0.006		0.049		0.074	

由表 3-6 可见,由于团聚的随机性,同种煤样的两次实验中各粒级的团聚体质量相差较大,但计算的分形维数较为接近,且初级粒径越小,两次实验获得的分形维数越接近。这是由于颗粒数目的分形分布特征是一种统计规律,颗粒数目越多,分形特征越显著,用分形维数表征的团聚规律越准确。煤样质量相同时,初级粒径越小的颗粒数目越多,因此表达的差值较小,实验的误差小于初级粒径大的颗粒。此外,实验中搅拌不充分均匀或搅拌和筛分中造成团聚体的破碎,以及筛分时质量的损失也会造成实验的误差。

3.5 本章小结

本章从统计角度利用分形理论研究潮湿煤的团聚,建立了颗粒团聚的统计自相似分形模型,采用搅拌滚团造粒法对潮湿细粒煤进行团聚造粒,研究了细粒煤的外水含量、初级粒径和密度对团聚的影响,得到以下结论:

(1)潮湿细煤的团聚具有较强的分形特征,可用团聚体的数量-粒径分形维数来表征团聚的强弱。初级粒径相同的细煤,分形维数越小,团聚概率越大,团聚越强。

(2) 当外水含量从 3.23% 增加到 16.71% 时,初级粒径为 0.1~0.3 mm 的聚团数量-粒径分形维数从 4.028 下降为 2.889,分形维数随着水分的增加而减小。外水含量在 3.23%~9.09% 之间,分形维数曲线的下降较快,外水含量在 9.09%~14.27% 时,分形维数曲线变化缓慢,当水分超过 14.27% 后分形维数又快速下降。水分与分形维数有显著的负相关性,相关系数为 -0.921。

(3) 在外水含量都为 9.09% 时,初级粒径 0.044~0.1 mm 的不同密度细粒煤团聚体的数量-粒径分形维数为 3.353~3.502,初级粒径 0.3~0.5 mm 的不同密度细粒煤团聚体的数量-粒径分形维数为 3.529~3.646。分形维数随着密度的增加先减小,在密度为 $1.6~1.8$ g/cm^3 附近达到最小,团聚最强。然后又略有增加。分形维数与密度也有较强的负相关性,两种粒径下的相关系数分别为 -0.941 和 -0.943。

(4) 外水含量、密度相同时,分形维数随着细粒煤初级粒径增大而快速增加,说明团聚随着粒径的增大而减弱,分形维数和初级粒径有很强的正相关性,相关系数高达到 0.986。

4 潮湿细粒煤聚团碰撞解聚的实验研究

4.1 引言

　　潮湿细粒煤在开采或搬运中形成的聚团,通常是一种松散结构,聚团内的应力较小,与文献[141]和文献[142]中所研究的致密结构型聚团完全不同,其破碎模式也与该文献所述不同。潮湿细粒煤聚团一般会形成细颗粒团聚体、较大颗粒为载体的团聚体以及呈包衣结构的团聚体 3 种结构[214],如图 4-1 所示。

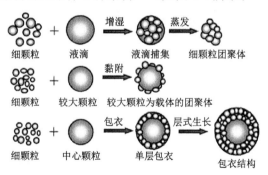

图 4-1　湿颗粒聚团的 3 种结构

　　由于工业上气流分级选煤的处理量要求很大,分级设备内部的结构较为简单,一般在设备内设置壁面或振动机构通过碰撞来增强聚团的解聚。为了深入研究湿颗粒聚团碰撞解聚的物理过程,加强对湿颗粒聚团破碎分离解聚的理解,本章利用高速动态摄像仪拍摄了包衣结构的潮湿细粒煤聚团与不同倾角和不同表面的碰撞过程,利用图像分析方法获得了碰撞前后煤核平动速度和转动角速度,并统计了碰撞后碎片的粒径分布,结合碰撞中聚团的质量损失,来研究不同碰撞条件对聚团的解聚效果,为气流分级机内碰撞机构的设计和改进提供参考。

4.2　碰撞解聚实验

4.2.1　实验仪器及材料

铁架台,高速动态摄像仪(OLYMPUS i-SPEED 3,15 000 fps),数码相机,JA3103 型高精度电子天平(上海精密科学仪器有限公司),石膏振荡器(苏州威尔实验用品有限公司),去离子水,400 mL 烧杯(若干),碰撞金属板(5 块),碰撞斜面(2 件)。

碰撞实验中利用了团聚实验中剩余的煤样,共有 5 个密度级和 5 种粒级的原煤,密度分别为 <1.4 g/cm^3,$1.4\sim1.5$ g/cm^3,$1.5\sim1.6$ g/cm^3,$1.6\sim1.8$ g/cm^3 以及 >1.8 g/cm^3,粒级分别为 $0.1\sim0.2$ mm,$0.3\sim0.4$ mm,$0.5\sim0.6$ mm,$0.8\sim0.9$ mm 以及 $1\sim1.168$ mm。

聚团的煤核由块状原煤切割打磨成球形,粒径 16.15 mm± 0.43 mm,质量 3.483 g。为方便镊取称重,煤核上粘一细线。

实验用到 5 块金属碰撞板,如图 4-2 所示,分别为光面板(1 号),粗线板(2 号),细线板(3 号),粗点板(4 号),细点板(5 号)。其中 2 号板刻痕深 1 mm,相邻刻痕间距 2.5 mm,如图 4-2 所示。3 号板刻痕深 1 mm,相邻刻良间距 1.5 mm。4 号板由两组深 1 mm、间距 2.5 mm 的刻痕垂直相交,截成粗点。5 号板由深 1 mm、间距 1.5 mm 的刻痕垂直相交,截成细点。实验中用到两个斜面,倾角分别为 15°和 30°,如图 4-3 所示。

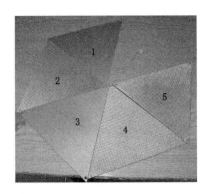

图 4-2　碰撞板

图 4-3　碰撞斜面

4.2.2　碰撞过程

将煤核浸入去离子水中使其表面润湿,再放入盛有细粒煤的烧杯中,一起置于振荡器震荡 2 min(频率 200 次/min,振幅 5 mm),使煤核与煤颗粒充分黏连形成聚团,用洗耳球吹走表面浮粉后称重。镊取潮湿细粒煤聚团,使其从 40 cm 高处自由下落和水平放置的金属板相碰,用高速动态摄像仪拍摄聚团与金属板的碰撞过程,实验装置如图 4-4 所示。

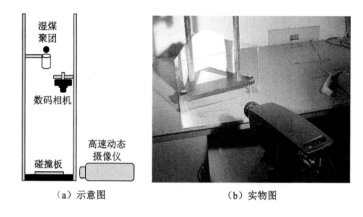

（a）示意图　　　　　　　　　　（b）实物图

图 4-4　湿聚团碰撞破碎的实验装置

实验分为 4 组：

（1）使煤核黏附密度相同而粒径不同的细粒煤进行碰撞，以考察黏附的细粒煤粒径对聚团破碎效果的影响；

（2）使煤核黏附粒径相同而密度不同的细粒煤进行碰撞，以考察黏附的细粒煤密度对聚团破碎效果的影响；

（3）使煤核黏附密度、粒径相同的细粒煤与不同倾角的碰撞面进行碰撞，以考察碰撞面的倾角对聚团破碎效果的影响；

（4）使煤核黏附密度、粒径相同的细粒煤与相同倾角下的不同碰撞板进行碰撞，来考察碰撞板的不同表面状况对聚团破碎效果的影响。

实验中用天平称重碰撞前后聚团的质量，用相机在同一高度下拍摄碰撞后碎片颗粒的分散状态，利用 Image-Pro Plus 软件对照片进行图像处理后可获得碎片的粒径分布，解聚效果的好坏通过碰撞中聚团的质量损失和碎片的平均粒径两个方面来评判。每种碰撞重复了 5 次，选择其中较为接近的 3 组数据的平均值作为实验结果。

4.2.3　图像处理方法

4.2.3.1　碎片颗粒粒径统计方法

Image-Pro Plus 软件是 Media Cybernetics 公司著名的一款图像处理分析软件,通过对数码相机拍摄的数值化图像进行处理来提取图像的信息数据,可获得每个颗粒的边长、面积、形状参数等特性参数,通过这些特征量就可以方便地对碰撞后的碎片颗粒进行粒径分析。图像处理获得的碎片粒径按照以下几个步骤进行。

（1）定标

在图像分析中,程序只能处理像素,需要把像素值转换成实际物体的长度,即一个像素对应着多大的实际长度,定标操作就是确定这种转换系数。先拍摄同一高度下游标卡尺在碰撞面的数码照片,然后运行 Image-Pro Plus 软件,打开该照片,在图片上选择一段长度为 10 cm 的距离,软件将根据 10 cm 长度对应的像素值计算出一个像素对应的长度,并将这种转换系数保存作为新标尺,后续的测量中软件会根据新标尺自动把测到的像素值转换成长度。如图 4-5 所示。

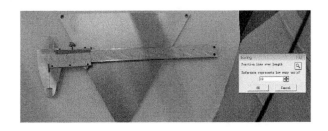

图 4-5　定标

（2）转变为灰度图

图片上一个象素点的明暗程度称为灰度,通过灰度值表现,黑色的灰度值为 0,白色的灰度值为 255。通过灰度分析可以区别不同的物体或者物体和背景。因此,在分析时需将彩色图片转换为灰度图。选择需处理照片,利用软件将其转为灰度图,如图 4-6 所示。

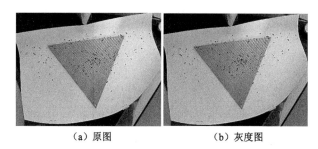

(a) 原图　　　　　　　　(b) 灰度图

图 4-6　灰度图转变

（3）选择测量区域和待测参数

划定图片中需要处理的区域作为测量区域,并选择测量所用的标尺和待测的颗粒的属性,如图 4-7 所示,图中线条包围的区域为测量区,待测参数为颗粒的最大粒径、最小粒径以及平均粒径。

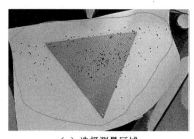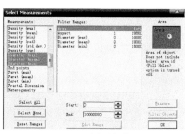

(a) 选择测量区域　　　　　　　　(b) 测量参数

图 4-7　选择测量区域和测量参数

（4）测量及数据保存

测量时,软件在已选择的测量区域内可根据灰度差自动将目标和背景区分,也可人工调节灰度域区分目标和背景,并把已被识别的目标颗粒物染成红色加以标记,如图 4-8 所示。再利用设定的标尺对目标颗粒物进行粒径测量,把目标的像素值根据标尺转换成实际长度,并以 Excel 表格的形式存储。

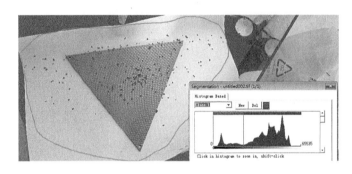

图 4-8　测量目标识别

除了上述方法外,Image-Pro Plus 软件还提供宏程序,可批量处理大量图片,提高图像处理速度和效率,这里不再赘述。

4.2.3.2　碰撞前后煤核速度的图像测量

煤核碰撞前后的速度和碰撞中旋转的角速度是利用高速动态摄像仪自带的软件 i-Speed Software Suite 经过图片处理获得的。

（1）定标

拍摄过程中,在颗粒附近放置一直尺一起拍摄,在拍摄图片的直尺上选取了一段长度为 10 cm 的距离,软件可根据该长度对应的像素值计算出一个像素对应的长度,并将这种转换系数保存作为新标尺,如图 4-9 所示。

图 4-9　建立标尺和二维直角坐标系

（2）测量并记录数据

高速动态摄像仪自带软件 i-Speed Software Suite 可追踪目标物体上的特征点进行位置和速度的测量,但由于湿煤聚团碰撞过程中伴随着强烈旋转,且目标物体太小,特征点不明显,软件常常会丢失其追踪目标,故采用了人工测量的方法。手动确定了图像序列中每幅图上煤核的质心作为特征点,如图 4-10 中叉号所示。令软件在已建立的坐标系下用已确定的标尺对每一帧图像中的该点进行位置测量,软件会根据连续两幅图像中该点位置的变化计算出该点的速度,并以 Excel 文件保存序列图中该点的位置和速度。

4.2.3.3　煤核转速的图像测量方法

煤核旋转角速度的测量也采用人工量取方法[215-217],i-Speed Software Suite 软件将确定的二维坐标系中 x 轴默认为水平方向,x、y 轴正向的夹角默认为 90°。测量时,在煤核上取一特征线段,通常为煤核中心与边缘某个特征点的连线,该特征点可以是煤核边缘某个凸起区域,或是煤核上方便镊取而黏着的细线,如

图 4-11 所示。软件会测量出该特征线段与水平方向的夹角,通过测量连续两幅图像中特征线段与水平方向的夹角,根据两幅图片时间间隔可计算出煤核的转速。

图 4-10 煤核位置和速度的人工测量

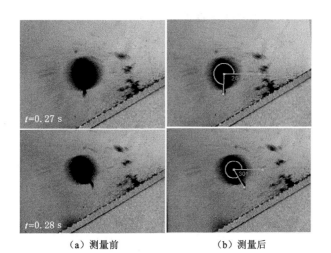

（a）测量前   （b）测量后

图 4-11 转速的人工测量

4.3 碰撞解聚模式

通过研究高速动态拍摄的湿煤聚团碰撞解聚的图片发现,根据黏附细粒煤粒径的大小和煤核的旋转情况,湿颗粒聚团主要呈现出三种解聚模式。

4.3.1 碰撞式解聚模式

当煤核表面黏附粒径 $0.1\sim0.2$ mm 的细粒煤颗粒时,碰撞后小颗粒主要沿法向从煤核表面飞离,碰后煤核很少旋转,有一定的反弹高度。这种解聚模式主要以碰撞力来分离细小颗粒,小颗粒相对于大颗粒发生了法向位移而脱离,称为碰撞式解聚,如图 4-12 所示。

4.3.2 重力-碰撞式解聚模式

当煤核黏附粒径为 $0.5\sim0.6$ mm 的细粒煤颗粒时,由于重力较大,小颗粒在煤核表面两侧发生滑移脱离煤核,煤核有一定的旋转,反弹高度较小,煤核的旋转较弱。这种碰撞过程中重力和碰撞力作用使小颗粒飞离煤核,称为重力-碰撞式解聚,如图 4-13 所示。

4.3.3 剪切-碰撞式解聚模式

在图 4-14 和图 4-15 中,煤核黏附了粒径为 $0.3\sim0.4$ mm 的细粒煤分别以倾角 15°和 30°的斜面发生碰撞,碰撞后煤核有一定的反弹并伴随着强烈的旋转,细煤颗粒沿接触点处的切线方向抛洒脱离,称为剪切-碰撞式分离解聚。碰撞面倾角越大,煤核的旋转越强。

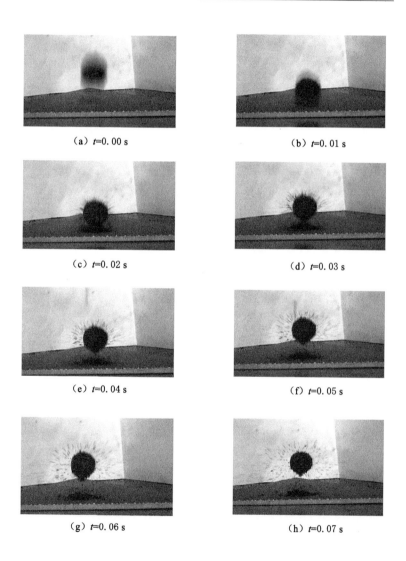

(a) t=0.00 s

(b) t=0.01 s

(c) t=0.02 s

(d) t=0.03 s

(e) t=0.04 s

(f) t=0.05 s

(g) t=0.06 s

(h) t=0.07 s

图 4-12 聚团与水平 4 号板的碰撞(碰撞式解聚)

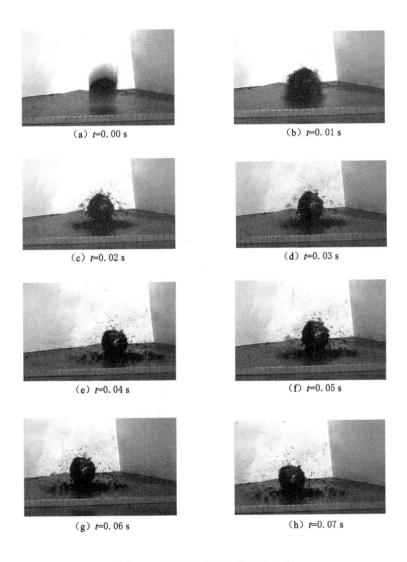

（a）t=0.00 s　　　　　　　（b）t=0.01 s

（c）t=0.02 s　　　　　　　（d）t=0.03 s

（e）t=0.04 s　　　　　　　（f）t=0.05 s

（g）t=0.06 s　　　　　　　（h）t=0.07 s

图 4-13　聚团和水平 1 号板的碰撞

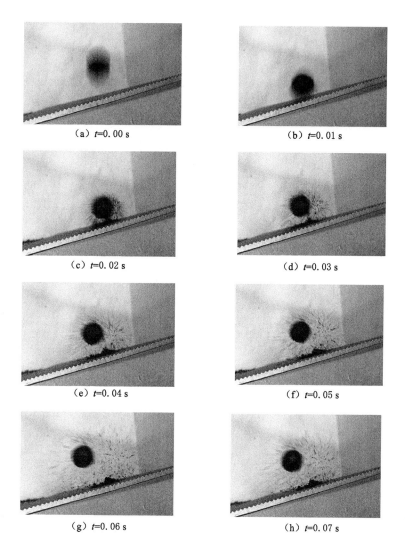

（a）*t*=0.00 s   （b）*t*=0.01 s

（c）*t*=0.02 s   （d）*t*=0.03 s

（e）*t*=0.04 s   （f）*t*=0.05 s

（g）*t*=0.06 s   （h）*t*=0.07 s

图 4-14　聚团和倾角 15°的 2 号板碰撞

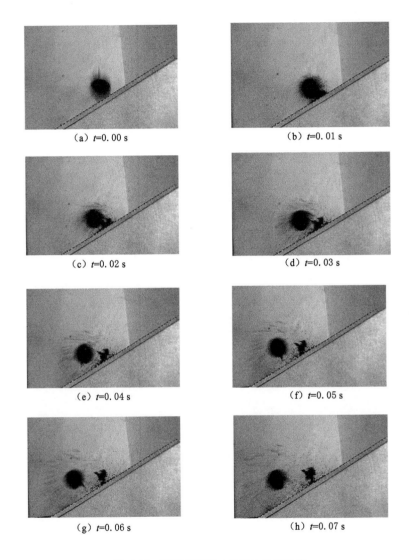

（a）t=0.00 s

（b）t=0.01 s

（c）t=0.02 s

（d）t=0.03 s

（e）t=0.04 s

（f）t=0.05 s

（g）t=0.06 s

（h）t=0.07 s

图 4-15　聚团和倾角 30°的 5 号板碰撞

4.4 碰撞解聚的影响因素

为了便于比较黏附不同粒径细粒煤时聚团的解聚程度,定义了破碎粒径比这一评价参数,表示为:

$$破碎粒径比 = \frac{全部碎片的平均粒径}{黏附细粒煤的最小粒径} \quad (4-1)$$

破碎粒径比用于表征碎片的破碎分散程度,该比值越接近于1,碎片的破碎程度越高。解聚效果的好坏通过碰撞中聚团的质量损失和破碎粒径比两个方面来评判,其中质量损失用于评价碰撞造成多少细颗粒从聚团脱离,而破碎粒径比用于评价脱离的碎片的分散程度。质量损失越大,破碎粒径比越小,聚团的解聚程度越高。

4.4.1 细粒煤粒径对碰撞解聚的影响

使煤核湿润后黏附密度为 1.4～1.5 g/cm³,粒径分别为 0.1～0.2 mm,0.3～0.4 mm,0.5～0.6 mm,0.8～0.9 mm 以及 1～1.168 mm 5 个粒级的细颗粒煤,从 40 cm 高处自由下落,与水平放置的 1 号光面板发生碰撞。实验中获得煤核黏附细粒煤的质量、碰撞中质量损失以及图像处理中测量的碰撞后煤核的速度和转速,列于表 4-1 中。碰撞中质量损失百分比和碰撞后的破碎粒径比随细粒煤粒径的变化曲线绘于图 4-16。

表 4-1　不同粒径细粒煤的碰撞实验数据

粒径/mm	黏附煤质量/g	质量损失/g	质量损失百分比/%	破碎粒径比	碰后速度/(m/s)	转速/(r/min)
0.1～0.2	1.084	0.397	36.62	2.555	0.766	26.001
0.3～0.4	1.191	0.524	44.00	2.152	0.555	25.833

表 4-1(续)

粒径 /mm	黏附煤 质量/g	质量损失 /g	质量损失百分比 /%	破碎 粒径比	碰后速度 /(m/s)	转速 /(r/min)
0.5～0.6	1.311	0.715	54.54	1.749	0.406	56.070
0.8～0.9	1.798	1.163	64.68	1.614	0.122	76.267
1～1.168	1.856	1.309	70.53	1.551	0.093	73.667

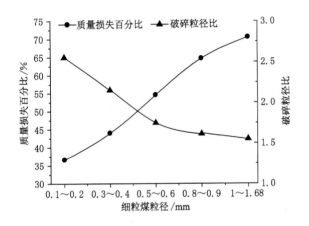

图 4-16 质量损失百分比和破碎粒径比随粒径的变化

　　由表 4-1 可见,随着细粒煤粒径的增加,煤核上黏附细粒煤的质量越来越大,质量的增加在粒径 0.5～0.9 mm 之间较为迅速,粒径超过 0.9 mm 以后质量增加变缓。随着粒径的增加,颗粒的重力越来越大,黏附的细粒煤质量增加,但是重力过大,越接近黏附力(液桥力),黏附的细颗粒容易脱落,使得聚团质量增加变缓。碰撞后煤核的速度随着粒径的增加而减小,说明碰撞中的能量损失随着粒径的增加而增加。损失的能量用于拉断液桥做功。粒径较小时,在细粒煤煤核表面分布较为均匀,聚团的质心和煤核的质心近似重合,在下落和碰撞中煤核两侧细颗粒的重力矩近似平衡,所以煤核的旋转较弱,转速较小。随着粒径的增加,细粒煤分布的均匀性变差,黏附在煤核两侧的细粒煤存在质量差,在煤核两侧出现不平衡的重力矩,使聚团旋转变强。

由图 4-16 可见,随着黏附细粒煤粒径的增加,碰撞中质量损失从 36.62％增加到 70.53％,粒径对碰撞中的质量损失影响很大。由于颗粒的重力与粒径呈三次方递增,粒径的增加使得细煤的重力迅速增大,在碰撞中重力提供越来越强的分散作用,使得颗粒间的相对运动加强,颗粒间的液桥更易拉伸断裂,造成质量损失增加。而碎片的破碎粒径比随着粒径的增加而下降,从 2.555 下降为 1.551,颗粒粒径越大,破碎粒径比越接近于 1,破碎效果越好。碰撞造成了黏附细颗粒从煤核上脱落,但脱落的细颗粒并非呈单体形式,多数情况下会与附近颗粒形成粒径不同的次级聚团整体地脱离煤核,随着粒径的增加,单体脱离的颗粒增多,形成次级聚团整体脱落的情况减少,因此破碎粒径比减小,其根本原因仍是增大的重力提供了较大的分散力,破坏了颗粒间的黏结,颗粒间的液桥在碰撞中更易断裂,分离模式从碰撞式解聚过渡到重力-碰撞式解聚模式,解聚程度变好。

4.4.2　细粒煤密度对碰撞破碎的影响

使煤核湿润后黏附粒径为 0.5～0.6 mm,密度分别为＜1.4 g/cm^3,1.4～1.5 g/cm^3,1.5～1.6 g/cm^3,1.6～1.8 g/cm^3 以及 ＞1.8 g/cm^3 5 个密度级的细颗粒煤,从 40 cm 高处自由下落,与水平放置的 1 号光面板发生碰撞。实验中煤核黏附细粒煤的质量、碰撞中质量损失、破碎粒径比以及碰撞后煤核的速度和转速,均列于表 4-2。质量损失百分比和碰撞后的破碎粒径比随细粒煤密度的变化绘于图 4-17。

表 4-2　不同密度细粒煤的碰撞实验数据

密度 /(g/cm³)	黏附煤 质量/g	质量损失 /g	质量损失百分比 /%	破碎 粒径比	碰后速度 /(m/s)	转速 /(r/min)
<1.4	1.303	0.721	55.26	1.743	0.423	65.214
1.4~1.5	1.311	0.715	54.54	1.749	0.406	56.070
1.5~1.6	1.346	0.740	54.98	1.757	0.411	60.485
1.6~1.8	1.381	0.775	56.12	1.726	0.402	59.498
>1.8	1.409	0.791	56.14	1.705	0.379	62.463

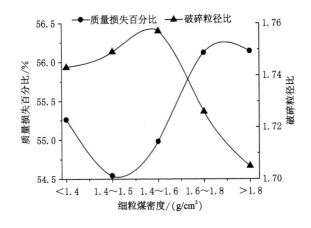

图 4-17　质量损失百分比和破碎粒径比随密度的变化

　　由图 4-17 可见,随着密度的增加,质量损失百分比先减小后增加。煤的密度越大,灰分越高,而煤的湿润性随着煤中灰分含量的增加而提高,因此煤水接触角随着密度的增加而减小。由第 2 章图 2-4 可见,颗粒间的静态液桥力随着接触角的减小(煤密度的增加)而增大,使得颗粒间的黏结加强,碰撞中不易破碎而使质量损失百分比先减小。随着密度的继续增大,颗粒的重力在增加,重力的增加超过了静态液桥力的增加,碰撞中分散能力增强,质量损失又呈现增加趋势。

碎片的破碎粒径比的变化规律恰好相反,随着密度的增加先增加后减小,如图 4-17 所示,这种变化也是源于重力和静态液桥力随密度的变化。静态液桥力增加使得破碎变难,破碎粒径比增加,而较大重力会破坏颗粒的团聚,使破碎程度提高,因此密度较大时,破碎粒径比又变小。但是质量损失的最小值和破碎粒径比的最大值并不在同一密度下,是实验的误差还是其他原因,有待后续的研究。

由表 4-2 可见,不同密度下,黏附的细粒煤质量相差不多,碰后速度和转速也无显著的规律,说明密度对黏附细粒煤质量、碰撞后煤核的速度和转速影响并不显著。

4.4.3　碰撞板对碰撞破碎的影响

使煤核湿润后黏附粒径为 0.3～0.4 mm、密度为 1.4～1.5 g/cm³ 的细颗粒煤,从 40 cm 高处自由下落,分别与倾角为 0°、15° 以及 30° 的 1～5 号碰撞板发生碰撞,以考察碰撞板的表面和倾角对破碎效果的影响。实验中获得质量损失、破碎粒径比以及碰撞后煤核的速度和转速,列于表 4-3。不同碰撞板下的质量损失百分比和破碎粒径比分别绘于图 4-18、图 4-19。

表 4-3　不同碰撞板的碰撞实验数据

碰撞板	倾角 /(°)	黏附煤质量/g	质量损失 /g	质量损失百分比 /%	破碎粒径比	碰后速度 /(m/s)	转速 /(r/min)
1	0	1.191	0.524	44.00	2.152	0.555	25.833
2	0	1.175	0.512	43.57	2.089	0.476	45.167
3	0	1.224	0.540	44.12	2.073	0.505	54.389
4	0	1.132	0.489	43.20	1.996	0.484	121.333

表 4-3(续)

碰撞板	倾角/(°)	黏附煤质量/g	质量损失/g	质量损失百分比/%	破碎粒径比	碰后速度/(m/s)	转速/(r/min)
5	0	1.209	0.517	42.76	1.894	0.496	115.636
1	15	1.214	0.478	39.37	1.965	0.422	263.417
2	15	1.303	0.485	37.22	1.767	0.407	294.722
3	15	1.279	0.492	38.47	1.699	0.414	288.083
4	15	1.195	0.477	39.92	1.623	0.407	332.917
5	15	1.222	0.447	36.58	1.659	0.417	324.750
1	30	1.236	0.421	34.06	1.884	0.396	365.500
2	30	1.297	0.407	31.38	1.645	0.393	368.568
3	30	1.195	0.410	34.31	1.678	0.366	394.676
4	30	1.208	0.397	32.86	1.524	0.386	393.344
5	30	1.253	0.405	32.32	1.533	0.377	358.833

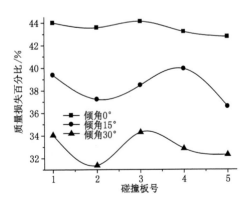

图 4-18 不同碰撞板下的质量损失百分比

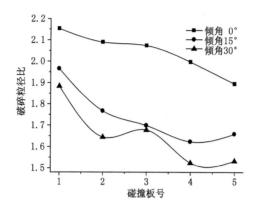

图 4-19 不同碰撞板下的破碎粒径比

由图 4-18 可见,倾角对碰撞中的质量损失影响较大。与倾角为 0°时 5 块板碰撞后,质量损失在 42.76%～44.12%之间,变化了 1.36%;与倾角为 15°的 5 块板相碰时,质量损失在 36.58%～39.92%之间,变化了 3.34%;与倾角为 30°的 5 块板相碰时,质量损失从 31.38%变化到 34.31%,变化幅度 2.93%。倾角越大,质量损失百分比越小,说明从煤核上脱落的细粒煤越少。这是由于倾角的增加使得聚团与板的碰撞从正碰变为斜碰,板对聚团的法向碰撞力减小,切向作用力增加,且倾角越大,法向碰撞力越小,故质量损失越小。相对于水平放置的 5 块板,与倾斜的碰撞板相碰时,聚团的质量损失变化幅度较大,这是由于接触点的变化所造成的,不同的碰撞接触点的高度、凹凸状况会使碰撞力产生一定变化,因而引起的质量损失的波动较大。

相对于倾角,板的表面状况对碰撞中质量损失的影响并不显著。由于聚团与板碰撞的接触点具有一定的不确定性,接触点的高低、凹凸以及摩擦等因素引起碰撞力的变化具有较大的随机性,所以在实验中各板的优缺点并不突出。倾角为 15°时,与 4 号板

（细线板）碰撞的质量损失最大，而在倾角为 30°时，与 3 号板（粗点板）的碰撞中质量损失最大。

图 4-19 显示，倾角越大，碎片的破碎粒径比越小，从煤核上脱落的细粒煤分散性越好。表 4-3 显示，倾角越大，碰撞后煤核的转速越高。倾角的增加使聚团与板的法向碰撞力减小但切向作用力在增加，增加的切向作用力产生了力矩使煤核发生旋转，且倾角越大，切向作用力越大，产生的力矩越大，煤核的旋转越强。高速旋转的煤核使其与黏附细粒煤之间出现强烈的切向相对运动，从而产生较大的剪切力，细粒煤被旋转的煤核抛洒飞离，形成了剪切-碰撞式解聚模式。抛出的细粒煤在空间的分布较大，轨迹的重合性较低，所以分散性较好，使得破碎粒径比减小。

从图 4-19 可见，板的表面状况对破碎粒径比的影响较为显著。在各个倾角下，表面有凹凸的 2～5 号板的破碎粒径比小于光面 1 号板的破碎粒径比，说明板的表面影响着碎片的分散性。当碎片（单颗粒或次级聚团）飞离煤核后，会与碰撞板发生二次碰撞，再沿碰撞板滑移，这个过程中，有碰撞和摩擦，碰撞板表面的凹凸摩擦可对次级聚团起着二次分散的作用，因此破碎粒径比较小。比较表面都有凹凸处理的 2、3、4、5 号板，倾角为 0°时，与 5 号板（细点板）相碰时的破碎粒径比最小，倾角为 15°和 30°时，与 4 号板（细线板）相碰时的破碎粒径比最小。

由此可见，由于碰撞中的能量分配（法向、切向作用）不同，质量损失和破碎粒径比呈现为一对矛盾体，倾角的增加使得质量损失减小但却可使破碎粒径比减小，碎片的质量减少了但分散性提高了。因此实际中，碰撞板的倾角设计并非越大越好，要结合所需的碰撞效果，选择合适的碰撞角度，此外对碰撞板做一定的凹凸处理可提高分散性。在气流分级中，通过碰撞使得黏附细粒煤从煤核分离后，还需要使其尽量分散，这样才能被气流携带形成细粒产品，实现粗细分级，因此碰撞板的倾角不能太大。

4.5 本章小结

本章利用高速动态摄像仪拍摄了包衣结构的潮湿细粒煤聚团在不同碰撞条件下的碰撞解聚过程,利用图像分析方法获得了碰撞前后煤核速度和转速,并统计了碰撞后碎片的粒径分布,利用自定义的破碎粒径比和聚团的质量损失两个指标,来评价不同条件下的碰撞解聚的效果,研究了细粒煤的粒径、密度以及碰撞板的倾角、表面凹凸处理对碰撞解聚的影响,为气流分级机内碰撞机构的设计和改进提供参考。实验得到如下结论:

(1)根据黏附细粒煤的质量和煤核的旋转情况,湿聚团的碰撞解聚呈现出三种模式:碰撞式分离、重力-碰撞式分离和剪切-碰撞式分离。当黏附细粒煤质量较小且煤核无旋转时,碰撞力使细颗粒沿法向脱落煤核,呈现为碰撞式解聚模式;当黏附细粒煤质量较大时,碰撞力和重力作用使细颗粒呈抛体状飞离煤核,称为重力-碰撞式解聚;当煤核有强烈旋转时,细粒煤还受到较大的剪切作用沿切向分离煤核,呈现为剪切-碰撞式解聚模式。

(2)随着黏附细粒煤粒径的增大,从煤核上脱落的细粒煤增多,碰撞中的质量损失显著增加,并且碎片的破碎粒径比下降,碎片的分散性变好。粒径越大,碰撞对聚团的解聚效果越好,解聚模式从碰撞式解聚向重力-碰撞式解聚过渡。

(3)随着黏附细粒煤密度的增加,碰撞中的质量损失先减小后增加,碎片的破碎粒径比先增加后减小。黏附细粒煤密度对聚团的解聚影响较小。

(4)碰撞中的质量损失随着碰撞板倾角的增加而减小,但破碎粒径比变小,分散性变好。倾角越大,煤核的旋转越强烈,解聚模式从碰撞式过渡到剪切-碰撞式解聚。

(5)碰撞板的表面凹凸状况对质量损失的影响并不明显,但对破碎粒径比的影响较为显著,在各个倾角下,表面有凹凸的2、3、4、5号板的破碎粒径比都小于光面1号板的破碎粒径比。因此实际中,要结合所需的碰撞效果,选择合适的碰撞角度,此外对碰撞板进行一定的凹凸处理可提高分散性。

5 湿颗粒聚团碰撞解聚的动力学机制

5.1 引言

前人的研究中以最大碰撞力＞最大黏附力作为聚团的破碎依据[123-125]，然而最大碰撞力和最大黏附力并不出现在同一时刻，将不同时刻力的大小比较作为聚团的破碎依据并不严谨。为了深入研究湿颗粒聚团碰撞分离机制，加强对湿物料系统行为特性的理解，本章结合上一章高速动态摄像仪拍摄的碰撞图片，利用颗粒离散单元法和接触力学理论以及液桥理论，充分考虑碰撞过程中两碰撞体之间的接触时间、接触变形和接触力、静态液桥力的影响，从细观上研究了两颗粒湿聚团碰撞分离的物理过程和动力学机制，从动力学角度提出了湿颗粒分离依据，并利用颗粒流软件 PFC2D 模拟了多颗粒包衣结构湿聚团的碰撞解聚过程，分析其破碎机理。

本章通过计算得到了分离 125 种不同等径湿颗粒所需的临界法向初速度，对工业生产和设备设计具有一定的参考和指导作用。

5.2 两颗粒湿聚团碰撞分离过程的动力学

湿颗粒聚团的碰撞分离过程分成三个阶段：聚团与壁面的碰撞、聚团内颗粒间的接触碰撞以及颗粒间液桥的拉伸断裂。

5.2.1 聚团与壁面的碰撞

碰撞打破了下落过程中聚团内各颗粒速度分布的一致性,使聚团内各颗粒的速度因位置的不同而产生差异。

假设碰撞前聚团内所有颗粒的速度都为 v_0,小颗粒在大颗粒的位置由方位角 α(质心连线与竖直方向的夹角)表示,如图 5-1 所示。碰撞过程中由于黏附颗粒分布不均产生的重力矩以及壁面的摩擦力矩作用而使大颗粒发生了旋转,假设碰撞后大颗粒质心的平动速度为 v,大颗粒绕其质心旋转的角速度为 ω,小颗粒的速度仍为 v_0,则小颗粒相对大颗粒的法向速度 $v_n^0=(v_0+v)\cos\alpha$,切向相对速度 $v_s^0=(v_0+v)\sin\alpha+\omega R_1$,颗粒间的相对速度因位置(方位角 α)的不同而产生差异。

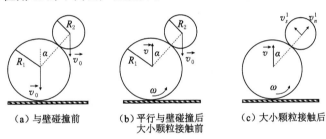

(a) 与壁碰撞前　　　(b) 平行与壁碰撞后　　　(c) 大小颗粒接触后
　　　　　　　　　　　大小颗粒接触前

图 5-1　碰撞前后颗粒速度示意图

5.2.2 聚团内颗粒间的接触碰撞

聚团与壁面碰撞后,小颗粒相对大颗粒有法向接近速度,将与大颗粒发生接触挤压碰撞。接触碰撞前后大、小颗粒的速度如图 5-1 所示。接触碰撞采用离散元方法中的软球模型和线性阻尼接触模型,如图 5-2 所示。

法向接触力:

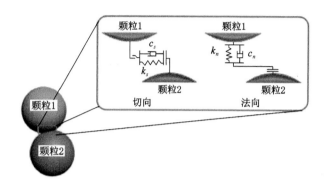

图 5-2　颗粒间的线性阻尼接触模型

$$F_{cn} = \begin{cases} k_n \delta_n & \delta_n \geqslant 0 \\ 0 & \delta_n < 0 \end{cases} \tag{5-1}$$

法向阻尼力：

$$F_{Dn} = c_n \frac{\mathrm{d}\delta_n}{\mathrm{d}t} \tag{5-2}$$

切向接触力的增量：

$$\Delta F_{cs} = k_s \Delta \delta_s \tag{5-3}$$

切向阻尼力：

$$F_{Ds} = c_s \frac{\mathrm{d}\delta_s}{\mathrm{d}t} \tag{5-4}$$

其中，δ_n 为法向重叠量；$\Delta\delta_s$ 为切向重叠量增量；k_n、k_s 分别为颗粒法向和切向刚度系数；c_n、c_s 分别为颗粒间法向、切向阻尼系数。

颗粒间允许发生滑动，发生滑动的条件为：

$$F_{cs} \geqslant F_{cs\max} = \mu \cdot F_{cn} \tag{5-5}$$

其中，μ 为滑动摩擦系数。

5.2.2.1　两颗粒间接触碰撞的动力学分析

碰撞过程中小颗粒受到的法向力：

$$F_n = -k_n\delta_n - c_n\frac{\mathrm{d}\delta_n}{\mathrm{d}t} \tag{5-6}$$

则法向运动方程：

$$m\frac{\mathrm{d}^2\delta_n}{\mathrm{d}t^2} + c_n\frac{\mathrm{d}\delta_n}{\mathrm{d}t} + k_n\delta_n = 0 \tag{5-7}$$

初始条件：

$$\delta_n\mid_{t=0} = 0, \quad \frac{\mathrm{d}\delta_n}{\mathrm{d}t}\bigg|_{t=0} = v_n^0 = (v_0 + v)\cos\alpha$$

式(5-7)类似于阻尼振动方程，解之可得：

法向重叠量：

$$\delta_n(t) = \frac{v_n^0}{\omega_n}\mathrm{e}^{\frac{-c_n t}{2m^*}}\sin\omega_n t \tag{5-8}$$

法向相对速度随时间变化关系：

$$\delta'_n(t) = v_n^0\mathrm{e}^{\frac{-c_n t}{2m^*}}\left(\cos\omega_n t - \frac{c_n}{2\omega_d m^*}\sin\omega_n t\right) \tag{5-9}$$

其中

$$\omega_n = \sqrt{\frac{k_n}{m^*} - \left(\frac{c_n}{2m^*}\right)^2}, \qquad v_n^0 = (v_0 + v)\cos\alpha$$

折合质量：

$$m^* = mM/(m+M)$$

法向阻尼振动的周期：

$$T_n = \frac{2\pi}{\omega_n} \tag{5-10}$$

当 $t = T_n/4$ 时，法向重叠量有最大值，此时法向接触力最大：

$$F_{n\max} = k_n\delta_{n\max} = k_n\frac{v_n^0}{\omega_n}\mathrm{e}^{\frac{-c_n\pi}{4m^*\omega_n}} \tag{5-11}$$

当 $t = T_n/2$ 时，法向重叠量为零，接触碰撞结束，此时小颗粒的相对于大颗粒法向飞离速度：

$$v_n^1 = \delta'_n\mid_{t=T_n/2} = -v_n^0 \cdot \mathrm{e}^{\frac{-c_n\pi}{2m^*\omega_n}} \tag{5-12}$$

同理可得切向重叠量：

$$\delta_s(t) = \frac{v_s^0}{\omega_s} e^{\frac{-c_s t}{2m^*}} \sin \omega_s t \tag{5-13}$$

切向相对速度随时间变化关系：

$$\delta'_s(t) = -v_s^0 e^{\frac{-c_s t}{2m^*}} \left(\cos \omega_s t - \frac{c_s}{2\omega_s m^*} \sin \omega_s t \right) \tag{5-14}$$

其中

$$\omega_s = \sqrt{\frac{k_s}{m^*} - \left(\frac{c_s}{2m^*}\right)^2}, \qquad v_s^0 = (v_0 + v)\sin\alpha + \omega R_1$$

则最大切向接触力可表示为：

$$F_{cs\max} = k_s \delta_{s\max} = v_s^0 \frac{k_s}{\omega_s} e^{\frac{-c_s \pi}{2m^* \omega_s}} \tag{5-15}$$

当法向接触碰撞结束时，小颗粒的相对于大颗粒切向飞离速度：

$$v_s^1 = \delta'_s \big|_{t=T_n/2} = v_s^0 e^{\frac{-c_s \pi}{2m^* \omega_n}} \left(\cos\frac{\omega_s \pi}{\omega_n} - \frac{c_s}{2\omega_s m^*} \sin\frac{\omega_s \pi}{\omega_n} \right) \tag{5-16}$$

由式(5-12)和式(5-16)可见，碰撞后小颗粒相对于大颗粒的法向、切向的飞离速度与颗粒的质量、刚度系数、阻尼系数以及碰撞前的相对初速度有关。颗粒的法向初速度越大，质量越大，颗粒间的法向刚度系数越大，阻尼系数越小，碰撞后小颗粒获得的法向飞离速度越大。由于时间的关联，当法向接触碰撞结束时，切向飞离速度不仅与切向参量有关，还取决于法向参量。同等条件下，大颗粒旋转时小颗粒获得的切向飞离速度大于无旋转情况。

5.2.2.2 包衣结构聚团内颗粒间接触碰撞的动力学分析

对于包衣结构的聚团，碰撞中毗邻颗粒间发生接触而形成诸多强度迥异的力链，它们相互交接构成网络，并非均匀地贯穿于颗粒物质聚团内部。假设各颗粒的刚度系数以及接触处的阻尼系数完全相同,碰撞沿法线方向向外依次进行,碰撞前后的速度如图 5-3 所示。

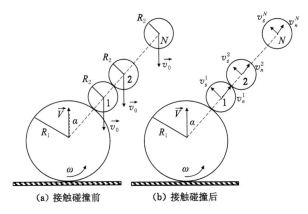

(a) 接触碰撞前　　　　　**(b) 接触碰撞后**

图 5-3　包衣结构聚团接触碰撞前后颗粒的速度

最内层小颗粒 1 与大颗粒接触碰撞后,获得的法向飞离速度为:

$$v_n^1 = (v_0 + v)\cos \alpha e^{\frac{-c_n \pi}{2m^* \omega_{1n}}} = v_0 \cos \alpha \cdot E_{n1} + v\cos \alpha \cdot E_{n1}$$

$$(5\text{-}17)$$

切向飞离速度为:

$$v_s^1 = v_s^0 e^{\frac{-c_s \pi}{2m^* \omega_{1n}}} \left(\cos \frac{\omega_{1s} \pi}{\omega_{1n}} - \frac{c_s}{2\omega_{1s} m^*} \sin \frac{\omega_{1s} \pi}{\omega_{1n}} \right)$$

$$= (v_0 \sin \alpha + v\sin \alpha + \omega R_1) \cdot E_{s1} \qquad (5\text{-}18)$$

这里令

$$E_{n1} = e^{\frac{-c_n \pi}{2m^* \omega_{1n}}}, E_{s1} = e^{\frac{-c_s \pi}{2m^* \omega_{1n}}} \left(\cos \frac{\omega_{1s} \pi}{\omega_{1n}} - \frac{c_s}{2\omega_{1s} m^*} \sin \frac{\omega_{1s} \pi}{\omega_{1n}} \right),$$

其中

$$\omega_{1n} = \sqrt{\frac{k_n}{m^*} - \left(\frac{c_n}{2m^*} \right)^2}, \omega_{1s} = \sqrt{\frac{k_s}{m^*} - \left(\frac{c_s}{2m^*} \right)^2},$$

$$m^* = mM/(m + M)$$

颗粒 1 再与颗粒 2 发生接触碰撞,则碰撞后颗粒 2 的法向和切向速度:

$$
\begin{aligned}
v_n^2 &= (v_n^1 + v_0 \cos \alpha) \cdot \mathrm{e}^{\frac{-c_n \pi}{2m_2^* \omega_{2n}}} \\
&= (v_0 + v)\cos \alpha \cdot E_{n1} \cdot E_{n2} + v_0 \cos \alpha \cdot E_{n2}
\end{aligned}
\tag{5-19}
$$

$$
\begin{aligned}
v_s^2 &= (v_s^1 + v\sin \alpha)\mathrm{e}^{\frac{-c_s \pi}{m\omega_{2n}}}\left(\cos \frac{\omega_{2s}\pi}{\omega_{2n}} - \frac{c_s}{\omega_{2s}m}\sin \frac{\omega_{2s}\pi}{\omega_{2n}}\right) \\
&= (v_0 \sin \alpha + v\sin \alpha + \omega R_1) \cdot E_{s1} \cdot E_{s2} + v\sin \alpha \cdot E_{s2}
\end{aligned}
\tag{5-20}
$$

这里令

$$
E_{n2} = \mathrm{e}^{\frac{-c_n \pi}{m\omega_{2n}}}, \quad E_{s2} = \mathrm{e}^{\frac{-c_s \pi}{m\omega_{2n}}}\left(\cos \frac{\omega_{2s}\pi}{\omega_{2n}} - \frac{c_s}{\omega_{2s}m}\sin \frac{\omega_{2s}\pi}{\omega_{2n}}\right)
$$

$$
\omega_{2n} = \sqrt{\frac{2k_n}{m} - \left(\frac{c_n}{m}\right)^2}, \quad \omega_{2s} = \sqrt{\frac{2k_s}{m} - \left(\frac{c_s}{m}\right)^2}
$$

则第 N 次碰撞后,最外层的第 N 个颗粒获得法向、切向速度分别为:

$$
\begin{aligned}
v_n^N &= (v_0 + v)\cos \alpha \cdot E_{n1} \cdot E_{n2}^{N-1} + \\
&\quad v_0 \cos \alpha \cdot (E_{n2}^{N-1} + E_{n2}^{N-2} + \cdots + E_{n2})
\end{aligned}
\tag{5-21}
$$

$$
\begin{aligned}
v_s^N &= (v_0 \sin \alpha + v\sin \alpha + \omega R_1) \cdot E_{s1} \cdot E_{s2}^{N-1} + \\
&\quad v\sin \alpha \cdot (E_{s2}^{N-1} + E_{s2}^{N-2} + \cdots + E_{s2})
\end{aligned}
\tag{5-22}
$$

由式(5-21)和式(5-22)可见,由于接触碰撞中损失了能量,每次接触后小颗粒的法向、切向速度发生了一定程度的衰减,沿着接触力的传递方向(图中法线向外),小颗粒获得的法向、切向速度越来越小。

5.2.3　液桥拉伸断裂过程的动力学分析

大小颗粒挤压碰撞后,小颗粒获得法向速度飞离煤核,飞离过程中随着颗粒距离的增加,液桥被拉伸,颗粒间液桥力在变化。若拉伸过程中液桥发生了断裂,则湿颗粒可实现分离。

当颗粒发生相对运动时,液桥会发生拉伸变形而断裂。对于两个粒径相同的球体,当颗粒固液接触角小于 $40°$ 时,液桥发生断裂时颗粒表面间距 h_{sci}(极限距离)和液桥体积之间有以下关系[218-219]:

$$h_{sic} = (1 + 0.5\theta) \sqrt[3]{V} \qquad (5-23)$$

液桥拉伸中颗粒受到静态液桥力、法向黏性力以及切向黏性力的作用,计算公式分别为第 2 章中的式(2-2)、式(2-8)以及式(2-11)。由于静态液桥力不是法向位移或法向速度的显函数,液桥拉伸过程中该力的影响较难描述,故先采用 Mikami 等[220]的回归分析方法得到静态液桥力和液桥体积与颗粒间距的显函数关系:

$$F_{slb} = \pi R\sigma (e^{\frac{Ah}{2R+B}} + C) \qquad (5-24)$$

式中,σ 为液体表面张力系数;h 为颗粒表面间距;A、B 和 C 分别为液桥体积、颗粒半径以及固液接触角的函数。

对于等径两球体:

$A = -1.1(V^*)^{-0.53}$

$B = (-0.34\ln V^* - 0.96)\theta^2 - 0.019\ln V^* + 0.4 \qquad (5-25)$

$C = 0.042\ln V^* + 0.078$

其中,V^* 为无量纲液桥体积:

$$V^* = VR^3 \qquad (5-26)$$

液桥拉伸阶段,颗粒间没有重叠量,接触力为零。故此过程只受到静态液桥力和动态黏性力作用。

法向作用力:

$$F_n = F_{slb} + F_{lvn} = \pi R\gamma (e^{\frac{Ah_n}{2R+B}} + C) + \frac{3\pi\mu_l v_n R^2}{2h_n} \qquad (5-27)$$

法向运动方程:

$$\frac{d^2 h_n}{dt^2} + \frac{Q_n}{h}\frac{dh_n}{dt} + P_n e^{A_n h_n + B_n} + C_n = 0 \qquad (5-28)$$

其中

$$Q_n = \frac{3\pi\mu_l R^2}{2m}, P_n = \frac{\pi R\gamma}{m}, A_n = \frac{A}{2R}, B_n = B, C_n = \frac{C\pi R\gamma}{m}$$

初始条件:$h_n \mid_{t=0} = R/1\,000, \left. \dfrac{\mathrm{d}h_n}{\mathrm{d}t} \right|_{t=0} = v_{n0}$。

法向运动方程式(5-28)没有解析解,故运用组合的 4/5 阶龙格-库塔-芬尔格算法利用数学软件 Matlab 编程求解表 5-1 计算条件下该方程在 $t = [0, 0.000\,006\,5]$ 区间内的数值解。

表 5-1   计算参数

颗粒密度/(kg/m³)	颗粒半径 R/mm	固液接触角 θ/(°)	嵌入角 φ/(°)
1 600	0.1	30	15

液桥拉伸中颗粒受到的切向作用力即为切向黏性力,利用式(2-8)和式(2-11)比较法向黏性力和切向黏性力法可得:

$$\frac{F_{lvn}}{F_{lvs}} = \frac{v_n \dfrac{R^*}{d}}{v_s \left(\dfrac{8}{15} \ln \dfrac{R^*}{d} + 0.958\,8 \right)} \approx 215\,\frac{v_n}{v_s} \qquad (5\text{-}29)$$

式(5-29)表明,切向黏性力远小于法向黏性力,故液桥拉伸过程中不考虑切向黏性力作用,认为该过程小颗粒除了随时间变化的法向速度,还具有一恒定的初始切向速度 v_{s0},如图 5-4 所示。Lian 等[156]应用 DEM 方法研究聚团碰撞过程中也发现,利用式(2-11)计算的切向黏性力可以忽略。

假设经过 $\mathrm{d}t$ 时间后,小颗粒相对于大颗粒转动了 $\mathrm{d}\alpha$,同时颗粒表面间距由 $h(t)$ 增加到 $h(t+\mathrm{d}t)$,其中由初始切向速度 v_{s0} 引起颗粒间距和法向速度的增量分别为 $\mathrm{d}h^s$ 和 $\mathrm{d}v_n^s$,则

$$\mathrm{d}h^s \approx (v_{s0}\,\mathrm{d}t)\sin\,\mathrm{d}\alpha$$
$$\mathrm{d}v_n^s \approx v_{s0}\sin\,\mathrm{d}\alpha \qquad (5\text{-}30)$$

其中
$$d\alpha \approx \frac{v_{s0}\,dt}{h_t + 2R}$$

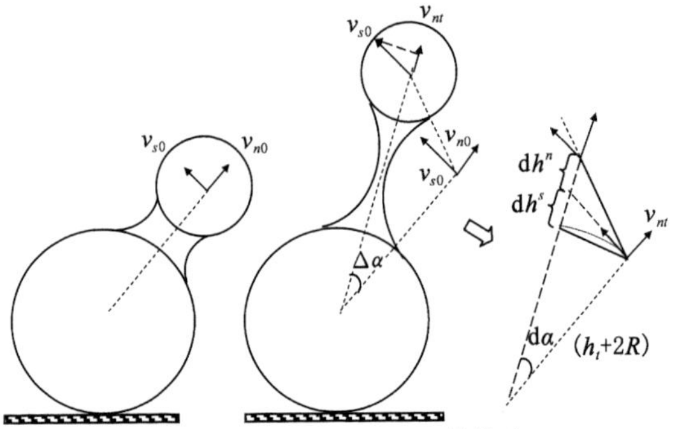

(a) 拉伸前　　　　(b) 拉伸后

图 5-4　液桥拉伸过程中颗粒间距和速度变化示意图

在运用组合的 4/5 阶龙格-库塔-芬尔格算法求解法向运动方程数值解中,将时间区间[0,0.000 006 5]分割为若干个微小时区,叠加计算在每个微小时区得到的颗粒间距和法向速度中的切向分量 dh^s 和 dv_n^s,可得切向运动对湿颗粒分离的影响。

对于黏附在煤核下半球的小颗粒[$\alpha \in (90°,270°)$],聚团与水平面碰撞后小颗粒相对大颗粒有法向飞离趋势而直接发生液桥的拉伸断裂。

5.3　湿颗粒分离条件及影响因素

5.3.1　湿颗粒分离条件和临界法向分离初速

由于液桥的拉伸断裂发生在法向,故颗粒间的法向位移和法向相对速度决定着液桥的断裂。运用组合的 4/5 阶龙格-库塔-芬尔格算法求解了初速分别为 0.5 m/s、0.62 m/s 和 0.7 m/s 时小颗粒的法向相对速度随颗粒表面间距的变化,如图 5-5 所示,h_{sci} 为该计算条件下液桥断裂时颗粒间距。由图可见,法向分离速度随着颗粒表面间距的增加而迅速减小,且颗粒间距越大,速度衰减越快,若在颗粒间距 h 达到 h_{sci} 前法向相对速度衰减为 0,则液桥不能断裂。

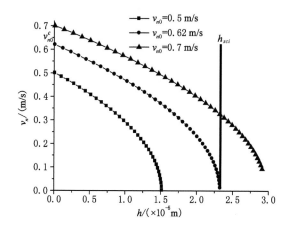

图 5-5   不同分离初速下分离速度随分离距离的变化

因此,湿颗粒的分离条件可写为:

当 $h = h_{sci}$ 时,若 $v_n < 0$,不可分离;

若 $v_n > 0$,可以分离;

若 $v_n = 0$,恰可分离(临界条件)。

$$(5-31)$$

令液桥拉伸过程中颗粒分离的最大间距为 h_{max},则分离条件又可表示为:

若 $h_{max} < h_{sci}$,不可分离;

若 $h_{max} > h_{sci}$,可以分离;

若 $h_{max} = h_{sci}$,恰可分离(临界条件)。

$$(5-32)$$

由图 5-5 可见,法向分离初速度 v_{n0} 越大,$h_{\max}$ 越易接近或超过 h_{sci},湿颗粒越容易分离。当 $h_{\max} = h_{sci}$ 时对应的分离初速度 v_{n0} 称为湿颗粒分离所需的最小的法向初速,也称为临界初速度 v_{n0}^c。因此湿颗粒间要实现分离,需要施加一最小法向分离初速 v_{n0}^c,在工业上可通过碰撞、振动、气力等方式实现。要分离表 5-1 计算条件下的湿颗粒,这一临界分离初速度 v_{n0}^c 约为 0.62 m/s。利用同样的方法计算了分离不同类型(粒径、固液接触角和嵌入角)的湿颗粒所需的临界法向分离初速,列于表 5-2。计算主要针对工业中常用的粒径为 0.1 μm ~ 1 mm,接触角为 0° ~ 40° 以及嵌入角为 10° ~ 50° 范围内的湿颗粒,共有 125 种,希望能对工业生产和设备的设计提供一定的参考和指导作用。

表 5-2　分离两等径湿颗粒所需的临界法向初速

接触角 θ /(°)	嵌入角 φ /(°)	临界法向初速度 v_{n0}^c/(m/s)				
		$R=0.1\ \mu m$	$R=1\ \mu m$	$R=10\ \mu m$	$R=100\ \mu m$	$R=1\ mm$
0	10	17.95	5.29	1.54	0.44	0.12
0	20	26.97	7.92	2.30	0.65	0.18
0	30	33.89	9.95	2.88	0.82	0.22
0	40	39.62	11.62	3.36	0.95	0.26
0	50	44.56	13.06	3.77	1.07	0.29
10	10	18.88	5.56	1.61	0.46	0.13
10	20	28.60	8.39	2.43	0.69	0.19
10	30	36.10	10.60	3.06	0.87	0.24
10	40	42.45	12.45	3.60	1.02	0.28
10	50	48.00	14.08	4.06	1.15	0.31
20	10	19.76	5.82	1.69	0.48	0.13
20	20	30.04	8.82	2.56	0.73	0.20

表 5-2(续)

接触角 θ /(°)	嵌入角 φ /(°)	临界法向初速度 v_{n0} /(m/s)				
		$R=0.1\ \mu m$	$R=1\ \mu m$	$R=10\ \mu m$	$R=100\ \mu m$	$R=1\ mm$
20	30	38.19	11.21	3.24	0.92	0.25
20	40	45.11	13.23	3.82	1.08	0.30
20	50	51.23	15.02	4.33	1.22	0.33
30	10	20.59	6.07	1.76	0.50	0.14
30	20	31.50	9.25	2.68	0.76	0.21
30	30	40.15	11.78	3.41	0.97	0.26
30	40	47.64	13.96	4.04	1.14	0.31
30	50	54.31	15.92	4.59	1.30	0.35
40	10	21.40	6.30	1.83	0.52	0.14
40	20	32.81	9.64	2.79	0.79	0.22
40	30	42.05	12.34	3.57	1.01	0.28
40	40	50.05	14.68	4.24	1.20	0.33
40	50	57.29	16.80	4.84	1.37	0.37

5.3.2 切向运动对湿颗粒分离的影响

在运用组合的 4/5 阶龙格-库塔-芬尔格算法求解法向运动方程数值解中,将时间区间 $[0,0.000\ 006\ 5]$ 分割为若干个微小时区,叠加计算在每个微小时区得到的颗粒间距和法向速度切向分量 dh^s 和 dv_n^s,可得切向运动对湿颗粒分离的影响。假设 5.3.1 节中由法向黏性力作用引起的颗粒间距和法向速度分别为 h^n 和 v_n^n,则考虑切向初速后颗粒间的法向速度和颗粒表面间距分别为:

$$h = h^n + \sum dh^s$$
$$v_n = v_n^n + \sum dv_n^s$$

(5-33)

利用式(5-33)替换分离条件(5-31)中 h 和 v_n，即得到考虑切向初速后湿颗粒的分离条件。

图 5-6 描述了当 $v_{n0} = 0.9v_{n0}^c$ 时，施加不同切向初速下分离速度随分离距离的变化曲线。当 $v_{s0} = 0$ 时，由于 $v_{n0} < v_{n0}^c$，$h_{max} < h_{sci}$，湿颗粒不可分离。当施加一定的切向初速时，分离速度衰减变缓，颗粒最大间距 h_{max} 增大，有助于颗粒间分离。由图 5-6 可见，只有当提供的 $v_{s0} \geqslant 1.85v_{n0}^c$，才能使颗粒分离。因此，当 $v_{n0}/v_{n0}^c < 1$ 时，为实现湿颗粒分离，所需施加的切向初速也有一最小值，低于该值则不能实现分离。

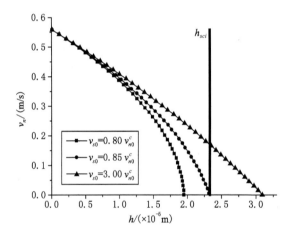

图 5-6　不同切向初速下分离速度随分离距离的变化

图 5-7 给出了不同 v_{n0}/v_{n0}^c 下，湿颗粒恰好分离时所需施加的切向初速。由图可见，要使湿颗粒分离，法向初速越小，所需的切向初速就越大。法向初速每减小 $0.1v_{n0}^c$，切向初速平均需增加约 $1.36v_{n0}^c$。因此，切向初始速度的存在虽然增大了颗粒间分离距离和分离速度，有助于液桥断裂，但相对于法向初速，其作用有限，对湿颗粒分离的贡献较小，对湿颗粒的分离和液桥的断裂起决定作

用的是法向速度。

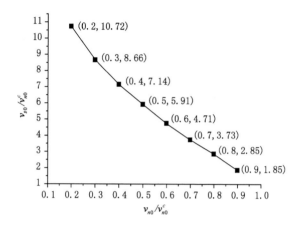

图 5-7 不同 v_{n0}/v_{n0}^c 下恰好分离湿颗粒所需的切向初速

5.3.3 液桥体积对湿颗粒分离的影响

湿颗粒的潮湿程度宏观上通过外水含量来表示,而在微观上通过两颗粒间的液桥体积或嵌入角表示。假设每个颗粒平均和周围 N 个颗粒接触,一对颗粒间有液桥,如图 5-8 所示,则外水含量 ω_l 和单个液桥体积 V_l 有如下关系:

$$\omega_l = \frac{N \cdot V_l \rho_l/2}{4\pi\rho_p R^3/3 + N \cdot V_l \rho_l/2} \times 100\% \quad (5-34)$$

其中,ρ_p、ρ_l 分别为煤和水的密度,V_l 为一对颗粒间的液桥体积。V_l 可由式(2-5)利用嵌入角计算。

图 5-9 描述了颗粒粒径、表面间距、固液接触角一定时不同液桥体积下颗粒分离速度随分离距离的变化(不考虑切向初速)。由于液桥断裂距离与液桥体积有关,三个液桥体积对应着三个断裂距离。由图可见,液桥体积对分离速度的影响并不显著,但液桥断

裂距离随着液桥体积的增加而急剧变大,从而使液桥不易被拉断,对湿颗粒聚团的分离造成困难。因此,水分的增加使得湿颗粒难分的主要原因是液桥难以断裂(h_{sci}急剧增加),虽然静态液桥力也随水分的增加而增加,但对湿颗粒的分离影响较弱。

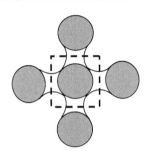

图 5-8 接触颗粒平面示意图

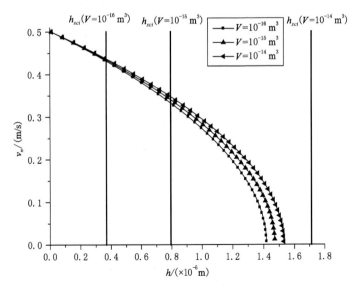

图 5-9 不同液桥体积下分离速度随分离距离的变化

5.3.4 颗粒粒径对湿颗粒分离的影响

图 5-10 描述了液桥体积和固液接触角相同时,不同粒径颗粒的分离速度随分离距离的变化关系。图中可见,颗粒越大,分离速度衰减越慢,湿颗粒越易分离。

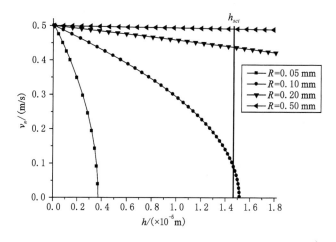

图 5-10 半径不同的颗粒分离速度随分离距离的变化

利用式(2-2)、式(5-11)可计算不同粒径下静态液桥力和最大法向接触力,从而得出重力和最大法向接触力与静态液桥力之比,其中接触力计算中取 $k_n = 5\,000\,000$,$c_n = 0.2$,$v_0 = 2.8$ m/s,$\alpha = 0°$,其他参数同表 5-1,计算结果绘于图 5-11。

在图 5-11 中,曲线中出现的拐点是由于横坐标粒径而并非均匀增加所造成的。由图可见,重力与静态液桥力之比、最大法向接触力与静态液桥力之比都随着粒径的减小而减小,说明静态液桥力对粒径越小的颗粒影响越显著,在相同外力作用下,粒径越小的湿颗粒聚团越不易分离。当颗粒粒径小于 10 mm 时,重力、最大法向接触力都小于静态液桥力,湿颗粒聚团难以分离;当颗粒粒径

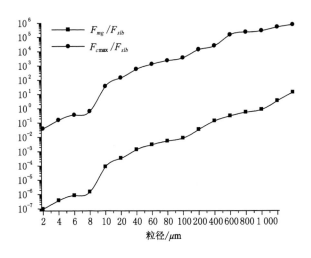

图 5-11 不同粒径下重力、最大法向接触力与静态液桥力之比

大于 10 mm 且小于 0.8 mm 时,接触力超过了静态液桥力,对湿颗粒的分离起主要作用;当颗粒粒径超过 0.8 mm 后,重力将大于静态液桥力,对湿颗粒的分离产生越发重要的影响。第 4 章碰撞实验中聚团所呈现的三种解聚模式源于重力与法向、切向接触力在湿颗粒分离中的强弱对比。当无旋转的大颗粒黏附粒径 0.1～0.2 mm 的小颗粒时,主要是法向接触力作用使湿颗粒分离,小颗粒主要沿法向飞离。当大颗粒黏附粒径 0.5～0.6 mm 的小颗粒时,除了法向接触力,重力作用也较大,黏附颗粒呈抛体状脱离煤核。当大颗粒有强烈旋转时,颗粒间出现较强的切向相对运动,故有较大的切向接触力作用其中,小颗粒沿接触点处的切线方向抛洒脱离,煤核的旋转越强,小颗粒和煤核的切向相对速度越大,越有利于液桥的断裂。因此,实际应用中可通过增加下落高度、倾斜碰撞板、使碰撞板水平或竖直振动来增强碰撞力,从而获得较大 v_{n0} 和 v_{s0} 使液桥断裂,实现湿颗粒分离。此外由于法向、切向接触

力除了与聚团内各颗粒的物理属性相关,还与颗粒间的方位、相对运动、接触情况等因素有关,碰撞过程中湿聚团碰撞中接触力的分布并不均匀,致密结构湿聚团很难彻底解聚,因此分级中应使煤粒堆积松散,尽量分散,避免形成致密结构湿聚团,使解聚变得困难。

5.3.5 液桥个数的影响

如颗粒和周围多个颗粒接触,假设液桥形状仍为钟摆型且一个液桥仅作用于一对颗粒,那么多颗粒间静态液桥力的作用可以视为多对静态液桥力的叠加。图 5-12 描述了颗粒受多对静态液桥力作用下的速度变化,其中 N 表示液桥数目,当每对颗粒间都存在液桥时,则液桥数等于接触的颗粒数。因此,颗粒堆积越密集,每个颗粒周围接触的颗粒越多,作用到每个颗粒的静态液桥力越多。由图可见,随着液桥数目的增多,颗粒分离速度急剧衰减,当 $h = h_{sci}$ 时,一个静态液桥力作用下分离速度为 0.853 m/s,两个液桥作用下速度减小到 0.181 m/s,衰减了 78.8%。

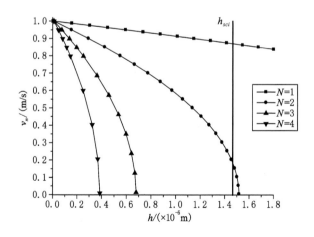

图 5-12 多个液桥作用下颗粒分离速度随分离距离的变化

5.4　包衣结构湿聚团碰撞解聚的 PFC 模拟

对于包含的颗粒数目较多的湿颗粒聚团,难以利用动力学方程及其数值解来描述分离机制和规律。故采用这类问题研究中常用的颗粒流 PFC 软件来模拟湿颗粒聚团的碰撞破碎过程,研究聚团的碰撞分离机制及影响因素。由于前人的研究较多集中在等径颗粒形成的聚团[153-156],而在煤炭分级中常有细粒煤黏附在粗颗粒表面造成脱粉难,故本书的模拟针对包衣结构的湿颗粒聚团,即一个大颗粒周围黏附了很多等径小颗粒的情况,聚团结构和大小颗粒的半径、密度等参数接近第 4 章碰撞实验中所用的潮湿细粒煤聚团。

5.4.1　湿聚团的制备

(1) 生成大颗粒

使用 PFC2D 程序中的 ball 命令生成一大颗粒(模拟实验中的煤核),半径 8 mm,密度 1 600 kg/m³,圆心坐标(0,0),法向刚度系数和切向刚度系数均为 10^8 N/m。为加快收敛,摩擦系数设为 0。为防止后续生成的小颗粒挤压大颗粒使其移动,利用 fix 命令将大颗粒固定。

(2) 生成聚团边界墙

利用 wall 命令生成一圆形边界墙作为聚团的外围轮廓,圆心坐标(0,0),半径为 10 mm,墙的法向刚度系数和切向刚度系数均为 10^9 N/m,摩擦系数设为 0。

(3) 生成小颗粒

利用 generate 命令在大颗粒和边界墙之间,即内径 8 mm、外径 10 mm 的环状区域生成尽量多的小颗粒。为使生成的小颗粒充分接触、系统尽快收敛达到平衡状态,采用了半径放大法,分三次生成小颗粒:先在该区域生成尽量多的半径为 3 mm 的小颗粒,但这些颗粒间距较大,并未充分接触,因此又在相同区域颗粒的空隙处再生成尽量多的半径为 2 mm 的小颗粒,最后在同样区域内空隙内再生成尽量多的半径为 1 mm 的小颗粒,所有小颗粒密度均为 1 600 kg/m³,法向刚度系数和切向刚度系数都为 10^8 N/m,令摩擦系数全为 0。接着使 2 mm 的颗粒半径放大 1.5 倍,利用 solve 命令触发和运行循环达到稳定状态,即系统内平均非平衡力与平均接触力的比值或者最大非平衡力与最大接触力的比值达到 0.01。再使 1 mm 的颗粒半径放大 3 倍,再次使用 solve 命令运行循环使系统达到稳定状态,从而生成了一包衣结构的聚团,如图 5-13 所示,核为一半径 8 mm 的大颗粒,周围连接了 301 个半径 3 mm 小颗粒,此时颗粒间的接触模型为程序默认的线性接触模型,颗粒间的接触力分布如图 5-14 所示。此时,聚团内接触力较强,内部压力较大,若不释放压力,去除边界墙后,较大的应力会使小颗粒崩散飞出。

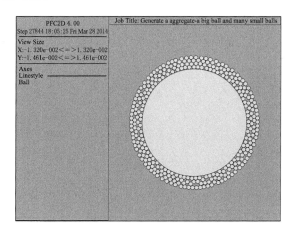

图 5-13　聚团的包衣结构

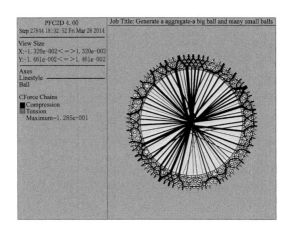

图 5-14　聚团内的接触力分布

（4）去除边界墙,加入平行黏结

在利用 PFC 软件模拟湿颗粒行为时,大部分文献采用了在颗粒间施加平行黏结来模拟静态液桥力[146-149],本书也通过平行黏结来模拟静态液桥力对颗粒的影响。颗粒间平行黏结的断裂视为液桥断裂,用断裂的平行黏结数目的多少来描述聚团解聚的程度。断裂的平行黏结数越多,聚团的解聚程度越高,若断裂的平行黏结数等于初始的平行黏结数目,则聚团完全解聚,所有颗粒彻底分离,没有接触。

利用 property 命令在聚团内颗粒间设置平行黏结,黏结的法向和切向刚度系数为 10^8 N/m。为防止去除边界墙后,较大的应力使小颗粒崩飞,法向黏结强度和切向黏结强度先设置很大,均设为 1×10^{20} Pa。然后用 delete 命令去除边界墙,较大的应力会使小颗粒飞出,但较大的黏结强度能保证黏结不断裂。为释放应力,在去除边界墙之后,先进行了一次单循环(1.047×10^{-7} s/step),使小颗粒以应力产生的加速度运动一段微小距离后,再利用

property 命令使所有颗粒速度为零,以上动作可减小颗粒间的接触形变,降低接触力。然后减小颗粒间黏结强度,设置为 1×10^{10} Pa,再进行一次单循环来减小接触形变和降低接触力。再次改变颗粒间黏结强度,设为最终值,即法向黏结强度为 4×10^{3} Pa,切向黏结强度为 2×10^{3} Pa。最后加入重力,利用 slove 命令使系统收敛,这样就制备好一个包衣结构的湿颗粒聚团。图 5-15 所示为颗粒间最终平行黏结分布情况,图中线段代表颗粒间的黏结,301 个颗粒间共有 589 个平行黏结,均匀分布。

图 5-16 所示为去除边界墙后聚团内的接触力分布,通过利用两次单循环和两次降低黏结强度,聚团内的接触力几乎为零,只在局部出现很少很微弱的接触力。

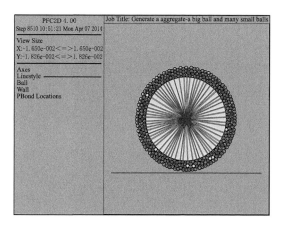

图 5-15　聚团内的平行黏结

5.4.2　湿聚团与水平壁面的碰撞解聚过程

实验中聚团从 40 cm 高度处自由下落与碰撞板相碰,但模拟中聚团下落 40 cm 用时较长,所以在距离聚团中心 10.3 mm 处设

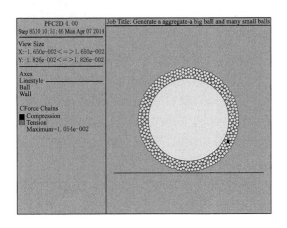

图 5-16 聚团内接触力最终分布

置一碰撞板,板的法向和切向刚度系数均为 10^8 N/m,摩擦系数为
0.2,再通过给聚团内所有颗粒一初速度来模拟自由下落 40 cm 后
重力的作用效果,模拟计算时的时间步长为 $1.076×10^{-7}$ s/step,
程序中速度设置为 $-2.5×10^{-7}$ m/step,相当于 -2.323 m/s,负
号代表速度方向向下。令聚团在重力作用下以该初速度下落,在
重力作用下落 0.3 mm 后与板相碰,从聚团内最低的颗粒接触碰
撞板开始,每 10 000 步计算后保存一次。模拟获得的碰撞解聚过
程中湿聚团颗粒的平行黏结分布、接触力分布以及速度分布如图
5-17 所示。

如图 5-17(a)所示,当聚团接触到碰撞板后,碰撞点(面)附近
的小颗粒受到板和大颗粒的作用向两边运动,打破了聚团内所有
颗粒运动速度的一致性,碰撞点附近的颗粒运动速度方向不再是
竖直向下,而是向两侧运动,且速度量值比其他颗粒大,而大颗粒
上部的小颗粒暂时没有受碰撞影响,仍在下落。大颗粒受到底部
小颗粒的作用,速度有所减小,颗粒之间没有出现较强的接触力。

在大颗粒底部,有少量小颗粒与大颗粒间的黏结断裂,但小颗粒间的黏结没有发生断裂(对比于图 5-15)。

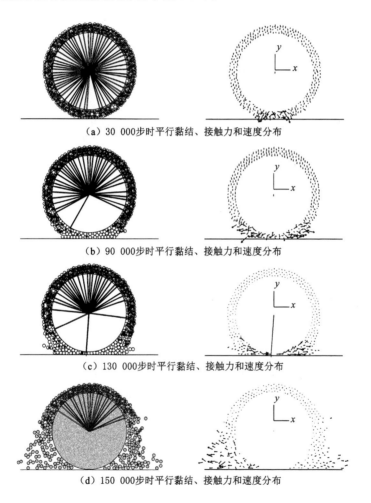

(a) 30 000步时平行黏结、接触力和速度分布

(b) 90 000步时平行黏结、接触力和速度分布

(c) 130 000步时平行黏结、接触力和速度分布

(d) 150 000步时平行黏结、接触力和速度分布

图 5-17 碰撞过程中聚团内平行黏结、接触力以及速度分布

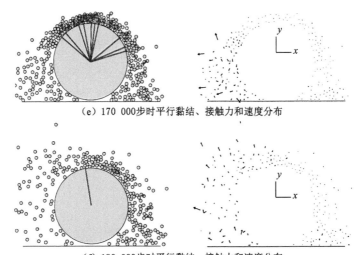

(e) 170 000步时平行黏结、接触力和速度分布

(f) 190 000步时平行黏结、接触力和速度分布

图 5-17(续)

如图 5-17(b)所示,随着大颗粒的继续下落,碰撞面增大,更多的小颗粒被加速分散出去,碰撞面附近有较多的小颗粒间以及小颗粒和大颗粒间的黏结发生断裂,但颗粒之间仍没有出现很强的接触力,大颗粒和大颗粒上部的小颗粒继续下落。

如图 5-17(c)所示,随着大颗粒的继续下落,当计算进行到130 000 步时,大颗粒与底部小颗粒以及底部的小颗粒间出现较强的接触力,如图中圆圈所示。大颗粒下落速度迅速减小,并和上部的小颗粒发生挤压接触,使得上部小颗粒的速度迅速减小。由于碰撞面附近、大颗粒底部的小颗粒向两侧运动,与大颗粒两侧的小颗粒发生碰撞,黏结断裂由大颗粒底部逐渐向两侧扩展。

如图 5-17(d)所示,底部接触力的作用改变了大颗粒的速度大小和方向,使大颗粒与其两侧以及上部的小颗粒间出现相对运动,发生接触碰撞。碰撞又改变了小颗粒的运动速度,使大颗粒两侧的黏结迅速断裂,这种黏结的断裂主要是切向断裂。此时,大颗粒和上部的小颗粒有向上的速度,但量值较小,聚团内颗粒间没有出现较强的接触力。

如图 5-17(e)所示,随着大颗粒的反弹上升,大颗粒与上部小颗粒间的相对运动速度增大,大颗粒与上部小颗粒间的接触碰撞加剧,大颗粒上部的黏结开始发生断裂。上部的黏结断裂先从包衣结构的内层、大颗粒与小颗粒之间开始,然后扩展到外层,如图中圆圈所示。当然,先前分散的小颗粒对外围小颗粒的碰撞也可能使其黏结断裂。

如图 5-17(f)所示,随着聚团内黏结的断裂由大颗粒底部向上部,由包衣结构的内层到外层扩散,黏附的小颗粒脱离大颗粒而分散。若碰撞中相邻的几个小颗粒间的速度一致,在分散中小颗粒间的黏结没有断裂,则形成次级聚团整体飞离大颗粒,如图中圆圈所示。

综上所述,聚团与板的碰撞打破了聚团内颗粒速度的一致性,颗粒间出现相对运动而使颗粒间的黏结断裂,断裂由聚团的碰撞点向外、由底部向上、由内层向外扩展,颗粒间的法向相对运动(速度方向沿着两颗粒质心连线)会造成法向黏结断裂,颗粒间的切向相对运动(速度方向垂直于两颗粒质心连线)会造成切向黏结断裂。大颗粒上部的小颗粒主要呈法向飞出,颗粒间的相对速度越大,分散越好。

5.4.3　湿颗粒聚团碰撞分离模式

在 PFC 数值模拟中,通过增加聚团的下落速度来增强碰撞力作用,通过增加颗粒的密度来增加重力作用,通过增加碰撞板的倾角或增加大颗粒的转速来增加剪切力作用,可获得实验中所拍摄的三种碰撞解聚模式。

图 5-18 所示为 PFC 模拟获得的碰撞式分离模式,下落速度

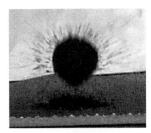

（a）实验拍摄

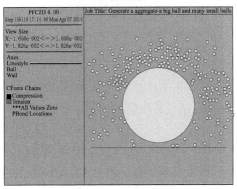

（b）PFC 模拟中聚团内颗粒位置

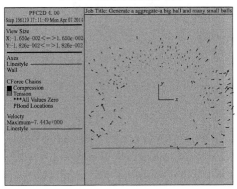

（c）PFC 模拟中聚团内颗粒速度分布

图 5-18　湿聚团的碰撞式解聚模式

为－3.223 m/s(速度设置为－2.5×10⁻⁷ m/step,时间步长为 1.076×10⁻⁷ s/step),颗粒密度为 1 600 kg/m³,法向黏结强度为 4×10³ Pa,切向黏结强度为 2×10³ Pa。

数值模拟中通过增加小颗粒的密度来增加碰撞中的重力作用,获得了实验拍摄的重力-碰撞式解聚模式,如图 5-19 所示,聚团的下落速度为－2.323 m/s,颗粒密度为 10 800 kg/m³,法向黏结强度为 4×10³ Pa,切向黏结强度为 2×10³ Pa。由于颗粒的重力与粒径 3 次方成正比,实验中小颗粒粒径增加了 2 倍,故模拟中将密度从 1 600 kg/m³ 增大到 10 800 kg/m³,密度增加 8 倍后颗粒的重力与粒径增大 2 倍相当。

利用 wall 命令生成一倾角为 30°的斜面,模拟聚团与斜面的碰撞破碎过程,斜面的法向刚度系数和切向刚度系数均为 10⁹ N/m,摩擦系数设为 0.5,聚团的下落速度为－2.323 m/s,颗粒密度为 1 600 kg/m³,法向黏结强度为 4×10³ Pa,切向黏结强度为 2×10³ Pa。模拟获得的剪切-碰撞式解聚模式如图 5-20 所示。模拟中发现,增加颗粒密度和斜面的摩擦系数,可使煤核的转速提高,剪切-碰撞式解聚更明显。

5.4.4　黏结断裂的影响因素

在数值模拟中,每次生成聚团的颗粒数都是 301 个,但颗粒位置分布并不相同,具有随机性,因而得到聚团内的平行黏结数目并不相同,在 573 到 603 之间。为表征聚团内黏结的破裂程度,定义了黏结破裂百分比,其计算方法如下:

$$黏结破裂百分比=\frac{初始黏结数目-某步长聚团内的黏结数目}{初始黏结数目}\times100\%$$

(5-35)

模拟中,从聚团内最低处颗粒接触碰撞板开始,每计算 10 000 步后统计一次聚团内的平行黏结数目,代入式(5-35)计算出黏结

（a）实验拍摄

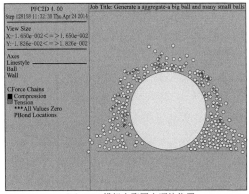
（b）PFC 模拟中聚团内颗粒位置

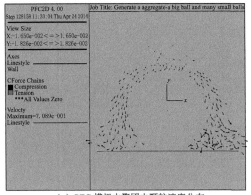
（c）PFC 模拟中聚团内颗粒速度分布

图 5-19　湿聚团的重力-碰撞式分离模式

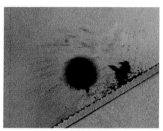

（a）实验拍摄

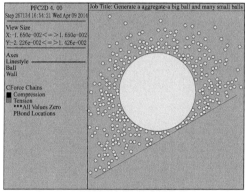

（b）PFC 模拟中聚团内颗粒位置

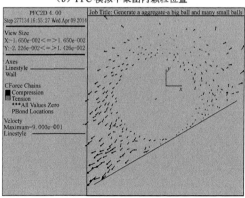

（c）PFC 模拟中聚团内颗粒速度分布

图 5-20　湿聚团的剪切-碰撞式分离模式

破裂百分比。显然,黏结破裂百分比的初始值为零,随着聚团解聚
程度的提高,其数值不断增大;若碰撞中黏结数目高于初始值,破
裂百分比变为负值;当聚团完全解聚后,破裂百分比为100%。

5.4.4.1 碰撞速度对黏结断裂的影响

图5-21描述了碰撞速度分别为3.561 m/s、2.323 m/s、0.625
m/s、0.019 m/s时聚团内的黏结断裂情况,颗粒密度为1 600
kg/m³,法向黏结强度为4×10^3 Pa,切向黏结强度为2×10^3 Pa。
由图可知,速度为0.019 m/s时,由于碰撞力较小,聚团基本没有
破裂。其他3种碰撞速度下,黏结的断裂都经历缓慢破裂、快速破
裂以及完全破裂3个阶段。在120 000步之前为黏结缓慢断裂阶
段,此阶段对应于图5-17中(a)~(c),断裂的黏结在碰撞点附近,
该处的小颗粒受到挤压向两侧运动,与附近未分散的颗粒接触还
会产生新的黏结,断裂的黏结和新产生的黏结数目相当,甚至低于
新的黏结数目而使破裂百分比出现负值。碰撞速度越大,该阶段
越短暂,破裂百分比出现负值的概率越低。在120 000~220 000
步之间为黏结的快速破裂阶段,3条曲线在该阶段上升很快,对应
于图5-17中(d)~(f),断裂由底部向上部,由内层向外层扩展,引
起黏结的快速断裂,分离出的小颗粒分布在较大的空间中,产生新
的黏结的可能性很低,使得破裂百分比快速上升。在该阶段,碰撞
速度的影响很小,2.323 m/s时的黏结破裂速度与3.561 m/s时
相当。约240 000步之后速度为2.323 m/s和速度为3.561 m/s
的聚团进入黏结的完全破裂阶段,破裂百分比接近100%,小颗粒
与大颗粒间的黏结全部破裂,分离出的小颗粒间还存在少量的黏
结。而速度为0.625 m/s的聚团仍处在黏结快速破裂阶段。碰撞
速度越大,到达该阶段越早。

5.4.4.2 颗粒重力对黏结断裂的影响

模拟中通过调节颗粒的密度来改变重力。图5-22描述了颗

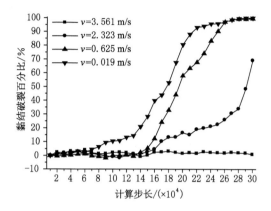

图 5-21 不同碰撞速度下黏结断裂百分比

粒密度分别为 400 kg/m³、1 600 kg/m³、6 400 kg/m³ 以及 10 800 kg/m³ 时聚团内黏结断裂情况,碰撞速度为 0.625 m/s、法向黏结强度为 4×10^3 Pa,切向黏结强度为 2×10^3 Pa。

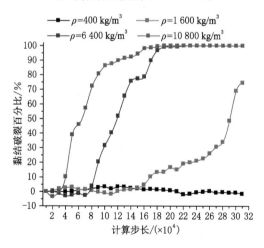

图 5-22 不同颗粒密度下的黏结断裂百分比

由图可见,由于设置的碰撞速度较低,碰撞过程中碰撞力较小,当颗粒密度为 400 kg/m³ 时,重力的分散作用很小,仅靠碰撞力很难将聚团破碎,破碎百分比在 0 附近波动。当颗粒密度增加到 4 倍,达到 1 600 kg/m³,碰撞中重力对颗粒的解聚作用显现,运算了 300 000 步之后,约 75% 的黏结发生破裂。随着密度的进一步增大,重力的解聚作用越发明显,密度为 6 400 kg/m³ 颗粒形成的聚团在 80 000 步后进入黏结快速破裂阶段,180 000 步到达完全破裂;而密度为 10 800 kg/m³ 颗粒形成的聚团仅在 30 000 步后就进入黏结快速破裂阶段,160 000 步达到完全破裂。由此可见,颗粒密度越大,聚团的解聚越快且解聚程度越高。

5.4.4.3 黏结强度对黏结断裂的影响

保持颗粒密度为 1 600 kg/m³、碰撞速度为 0.625 m/s,分别改变法向黏结强度和切向黏结强度来研究黏结强度对黏结断裂的影响,结果绘于图 5-23,图中 n-s 为法向黏结强度,s-s 为切向黏结强度。

由图 5-23 可见,减小法向黏结强度或切向黏结强度都可使聚团解聚更快且解聚程度更高。但在法向黏结强度为 4×10^3 Pa,切向黏结强度为 2×10^3 Pa 时,若增加 1 000 Pa 的法向黏结强度,聚团则难以破碎,如图 5-23(a)图所示;若增加 1 000 Pa 的切向黏结强度,破碎百分比没有明显减小,如图 5-23(b)图所示。在法向黏结强度为 4×10^3 Pa,切向黏结强度为 2×10^3 Pa 时,将法向黏结强度减小 1 000 Pa 和减小 1 500 Pa 对比可见,破碎百分比有轻微改善;但将切向黏结强度减小 1 000 Pa 和减小 1 500 Pa 对比发现,破碎百分比有显著改善,切向黏结强度为 500 Pa 时的破裂百分比远大于切向黏结强度为 1 000 Pa 时的且很快达到完全破裂。因此,黏结破裂主要由法向黏结强度决定,在碰撞可使法向黏结破裂的情况下,切向黏结越小,聚团破碎越快,破裂百分比越高。

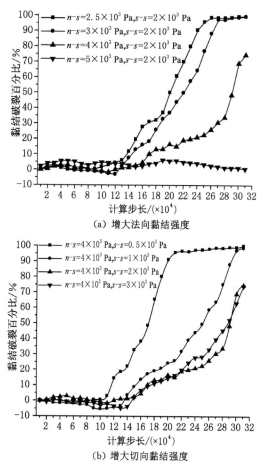

(a) 增大法向黏结强度

(b) 增大切向黏结强度

图 5-23 不同黏结强度时的黏结破裂百分比

5.4.4.4 大颗粒的转速对黏结断裂的影响

模拟中利用 property 命令给大颗粒(id＝1)设置自转角速度再统计黏结断裂来评价煤核转动对聚团黏结破裂的影响。不同角速度下的黏结断裂如图 5-24 所示。若没有碰撞速度($v＝0$ m/s)，只

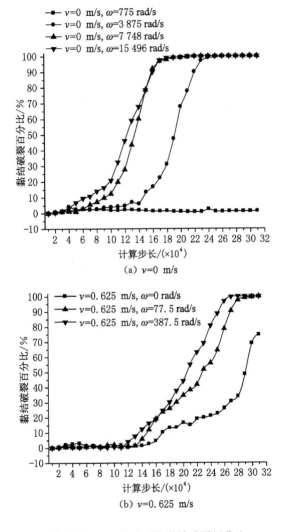

图 5-24 不同转速下的黏结破裂百分比

利用大颗粒的旋转将黏附的细粒煤甩出,需要很大的角速度。大颗粒旋转角速度低于 775 rad/s 时无法实现大、小颗粒的分离。当大颗粒旋转角速度大于 7 748 rad/s 时,再增加角速度对聚团的解聚帮助不大。在碰撞速度能使聚团破碎时($v=0.625$ m/s),增加大颗粒的旋转,可加快黏结破裂过程和提高破裂程度,但是当大颗粒旋转角速度大于 77.5 rad/s 时,提高大颗粒的旋转角速度对聚团的解聚也没有明显改善。因此,对聚团解聚起主要作用的是碰撞速度(法向速度),在具有一定的碰撞速度时,大颗粒的旋转将有助于聚团破碎解聚。

5.5 本章小结

本章结合上一章高速动态摄像仪拍摄的碰撞图片,利用颗粒离散单元法和接触力学理论以及液桥理论,充分考虑碰撞过程中两碰撞体之间的接触时间、接触变形和接触力、静态液桥力的影响,从细观上研究了两颗粒的湿聚团碰撞分离的物理过程和动力学机制,用颗粒流软件 PFC2D 模拟了多颗粒包衣结构湿聚团的碰撞解聚过程,分析其解聚机理。研究发现:

(1)两颗粒湿聚团的碰撞分离过程可分成三个阶段:聚团与壁面的碰撞、小颗粒与大颗粒的接触碰撞以及液桥的拉伸断裂三个阶段。聚团与壁面的碰撞打破了聚团内的颗粒运动速度的一致性,使得颗粒间出现相对运动速度发生接触碰撞而产生分离趋势,颗粒的分离运动使粒间液桥发生拉伸变形,当颗粒间的最大分离距离大于液桥的断裂距离时,液桥发生断裂,湿颗粒得以分离。

(2)湿聚团的分离需要一最小法向分离初速 v_{n0}^c,计算得到分离 125 种不同等径湿颗粒所需的最小法向分离初速(详见表 5-2),对工业生产和设备设计提供一定的参考和指导作用。

(3)切向初始速度的存在可增大颗粒间分离距离和分离速

度,有助于液桥断裂,但这种作用是有限的,当法向初速减小 $0.1v_{n0}^c$,所需增加的切向初速约 $1.36v_{n0}^c$,对湿颗粒的分离和液桥的断裂起决定作用的是法向速度。

(4)水分的增加使得湿聚团难分的主要原因是液桥难以断裂,而并非静态液桥力的迅速增大。湿颗粒的分离随着分离初速度的降低、颗粒粒径的减小,水分的增加而变难。

(5)PFC模拟表明包衣结构湿聚团与板的碰撞打破了聚团内颗粒速度的一致性,颗粒间出现相对运动而使颗粒间的黏结断裂,断裂由聚团的碰撞点向外、由底部向上、由内层向外扩展;聚团内黏结的破裂经历了缓慢破裂、快速破裂和完全破裂三个阶段,碰撞速度越大、颗粒重力越大、黏结强度越小、大颗粒的转速越高,聚团的解聚越快且解聚程度越高。

6 气流分级机内气固两相流的 CFD 模拟

6.1 引言

为增强湿煤聚团在分级机内的碰撞解聚行为,使分级机内流场更均匀,拟在原分级设备中设置两导流板。为了评价这种设置的合理性和可行性,利用流体力学计算软件 Fluent,采用 Realizable k-ε 湍流模型和欧拉-拉格朗日方法的离散相模型,对 4 种不同内部结构分级机内的空气流场进行数值模拟,得到分级机内流场中的流速、压强、湍动能的分布情况,以研究内部设置的导流板和倾斜布风板对流场的影响,并采用单颗粒运动方程模拟了不同细粒煤在分级机中的运动轨迹,分析了分级机内颗粒与壁面的碰撞情况,为分级机内部结构的优化提供参考和指导。

6.2 数学模型

6.2.1 网格划分

课题组原分级机为 1 610 mm×690 mm×200 mm 的长方体结构,内部设置倾斜的布风板,布风板是由许多小钢片呈"阶梯"状排列形成的斜面,孔径竖直向上,现准备在该分级机内增设两导流板,如图 6-1 所示。对该结构的分级机进行 2D 网格划分,采用四边形网格单元,并在边界处、导流板及多孔层处进行网格加密,如图 6-2 所示。

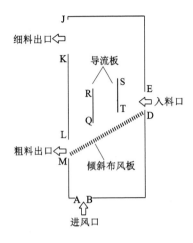

图 6-1　气流分级机结构示意

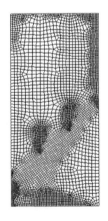

图 6-2　气流分级机 2D 网格

6.2.2 边界条件与初始条件

（1）连续相

与外界相通的 LM 和 ED 设置为压力出口,表压为 0;与除尘器相连的 JK 亦为压力出口,表压为 -200 Pa;AB 为速度入口,气流速度为 6 m/s;数值模拟中为增强计算的稳定性和收敛性,且较精确地描述倾斜布风板中气流速度和压强的降落特征,将 MD 设置为多孔阶跃,其中面渗透率约为 10^{-7} m²,压强阶跃系数为 975 Pa/m;RQ 和 ST 设置为内件,其余设置为壁面。采用湍流强度和水力直径定义入口湍流,湍流强度为 10%,水力直径为 0.3 m;壁面设置为无滑移壁面,近壁面采用标准壁面函数法处理。

（2）离散相

颗粒材料设为烟煤,粒径为 0.01～0.60 cm,设粒径满足 Rosin-Rammler 分布函数。颗粒入口速度为 0,采用面射流,流量 0.2 kg/s。颗粒与壁面的碰撞系数设为 0.8,碰撞为完全反弹,出口条件为完全逃逸。

6.3 计算方法和基本方程

6.3.1 计算方法

模拟将流动分为连续相和分散相两相,其中连续相为气体,分散相为细煤颗粒。为方便模拟,假设细煤颗粒为球形颗粒且颗粒与壁面之间的碰撞为刚性碰撞。并对连续相进行以下合理假设[221]:

① 单相流体不可压缩;

② 单相流体为定常流动,即 $\mathrm{d}\varphi/\mathrm{d}t = 0$,$\varphi$ 为速度、压强、密度等相关物理量;

③ 流场恒温,不考虑热量传递,不考虑由于流体与壁面的摩擦而引起的热效应;

④ 入口气体的流速均匀,流动处于湍流状态;

⑤ 由于分级机中细煤颗粒的体积分数小于 10%,忽略颗粒运动对流体相的影响。

计算时以 Fluent 软件为平台,采用有限元体积法,利用连续性方程对网格中各控制体进行离散求解,用经典 SIMPLE 算法求解压力-速度耦合问题。利用湍流模型在欧拉坐标系下将气相流场计算到收敛,再在入口处加入颗粒相,采用单向耦合方法和离散相模型,在拉格朗日坐标下计算不同粒径颗粒在已求解流场中的运动轨迹。

6.3.2 基本方程

6.3.2.1 连续性方程[222]

质量守恒方程:

$$\frac{\partial \rho}{\partial t} + \frac{\partial(\rho u_x)}{\partial x} + \frac{\partial(\rho u_y)}{\partial y} + \frac{\partial(\rho u_z)}{\partial z} = 0 \tag{6-1}$$

动量守恒方程:

$$\begin{cases} \rho \frac{\partial u_x}{\partial t} = \rho F_{bx} + \frac{\partial p_{xx}}{\partial x} + \frac{\partial p_{yx}}{\partial y} + \frac{\partial p_{zx}}{\partial z} \\ \rho \frac{\partial u_y}{\partial t} = \rho F_{by} + \frac{\partial p_{xy}}{\partial x} + \frac{\partial p_{yy}}{\partial y} + \frac{\partial p_{zy}}{\partial z} \\ \rho \frac{\partial u_z}{\partial t} = \rho F_{bz} + \frac{\partial p_{xz}}{\partial x} + \frac{\partial p_{yz}}{\partial y} + \frac{\partial p_{zz}}{\partial z} \end{cases} \tag{6-2}$$

式中,ρ 为流体密度,kg/m³;u_x, u_y, u_z 为 x, y, z 方向的流速分量,m/s;F_{bx}, F_{by}, F_{bz} 为单位质量力在 x, y, z 方向的分量,N/kg;p_{ij}($i, j = x, y, z$)为作用在微元六面体各面上的应力,N/m²。

6.3.2.2 湍动能方程

计算采用 Realizable k-ε 湍流模型[223-224],湍动能 k 方程为:

$$\rho \frac{\partial k}{\partial t} = \frac{\partial}{\partial x_j} \left[\left(\mu + \frac{\mu_t}{\sigma_k} \right) \frac{\partial k}{\partial x_j} \right] + G_k + G_b - \rho \varepsilon - Y_m \quad (6\text{-}3)$$

耗散率 ε 方程为：

$$\rho \frac{\partial \varepsilon}{\partial t} = \frac{\partial}{\partial x_j} \left[\left(\mu + \frac{\mu_t}{\sigma_\varepsilon} \right) \frac{\partial k}{\partial x_j} \right] + \rho C_1 S_\varepsilon - \rho C_2 \frac{\varepsilon^2}{k + \sqrt{\upsilon \varepsilon}} + C_{1\varepsilon} \frac{\varepsilon}{k} C_{3\varepsilon} G_b$$

$$(6\text{-}4)$$

$$C_1 = \max \left[0.43, \frac{\eta}{\eta + 5} \right], \eta = S \frac{K}{\varepsilon}$$

这里 k 为总湍动能，m^2/s^2；G_k 为平均速度梯度引起的湍动能，m^2/s^2；G_b 为浮力引起的湍动能，m^2/s^2；Y_m 为可压缩湍流脉动膨胀对总耗散率的影响系数，m^2/s^2；ρ 为流体密度，kg/m^3；ε 为湍流耗散率，m^2/s^2；C_1，C_2，$C_{1\varepsilon}$，$C_{2\varepsilon}$，$C_{3\varepsilon}$ 为湍流模型中的经验常数；σ_k，σ_ε 分别为湍动能及其耗散率的湍流普朗特数；μ 是流体的湍流黏度，$Pa \cdot s$；μ_t 是时均速度，m/s；S_ε、S 和 K 是用户定义的源项。

6.3.2.3 颗粒运动方程

将细粒煤视为离散相，在拉格朗日坐标系下采用颗粒轨道模型进行模拟，由颗粒力的平衡方程计算颗粒轨道[225]：

$$\frac{\mathrm{d}u_p}{\mathrm{d}t} = F_D(u - u_p) + g_x(\rho_p - \rho)/\rho_p + F_x \quad (6\text{-}5)$$

式中，u 和 u_p 分别是流体和颗粒的速度，m/s；$F_D(u - u_p)$ 为颗粒所受曳力，N；$g_x(\rho_p - \rho)/\rho_p$ 为颗粒的表观重力，N；ρ 和 ρ_p 分别是流体和颗粒的密度，kg/m^3；F_x 为其他作用力，N。其中：

$$F_D = \frac{18\mu}{\rho_p D_p^2} \frac{C_D R_e}{24} \quad (6\text{-}6)$$

式中，μ 是空气的黏性系数，$Pa \cdot s$；D_p 为粒径，m；R_e 为相对雷诺数；C_D 为无量纲阻力系数。其中：

$$R_e = \frac{\rho D_p \mid u - u_p \mid}{\mu} \quad (6\text{-}7)$$

6.4 CFD 数值模拟结果

6.4.1 流场流速分布

在未加入颗粒的情况下,对 4 种不同内部结构分级机中的流场进行数值计算,得到分级机中气流速度分布,具体如图 6-3 所示。

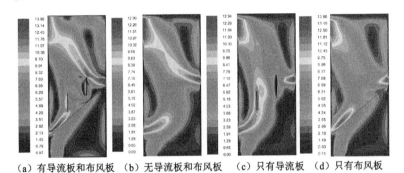

（a）有导流板和布风板 （b）无导流板和布风板 （c）只有导流板 （d）只有布风板

图 6-3 气流速度分布

由图 6-3 可知,4 种结构下的气流速度在 3 个边界口处(入料口、粗料出口和出风口)最大,在设备右下角和右上角远离边界口处最小。这是由于出风口处为负压,速度入口为正压,总体会形成从速度入口到出风口的流动;而入料口和粗料口都与外界相连,压强高于出风口,分别形成从 2 个边界口到出风口的流动,且出风口处负压对流速影响很大,气流速度高达 13 m/s,是进口速度的 2 倍。有倾斜布风板的图(a)和(d)中,出风口流速超过无倾斜布风板的图(b)和(c),达到 13.8 m/s。这是由于倾斜布风板造成压强和流速阶跃,增强了倾斜多孔层上方区域的流速,提升气体对细粒煤的携带作用,有利于细粒煤分离。比较图 6-3(a)和(d)可知,有导流板情况下,入料口到出风口间出现了较强的流带,可见设置的导流板能增强流场。

6.4.2 流场压强分布

分级机内流场的压强分布如图 6-4 所示。

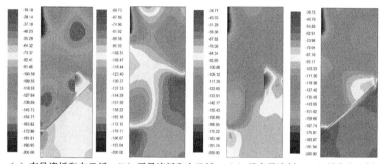

（a）有导流板和布风板　（b）无导流板和布风板　（c）只有导流板　（d）只有布风板

图 6-4　流场压强分布

由图 6-4 可知,倾斜布风板造成压强的阶跃,布风板上方和下方区域有较强的压强降落,导流板的设置对压强分布有较大影响。图 6-4(d)中布风板上方区域压强分布比较均一,而有导流板的图 6-4(a)中布风板上方压强分布不均,导流板两侧有较大压差,阶跃的压强能增强气流速度,有利于细粒煤分离。4 种结构下流场中最大压差分别为 180.90 Pa,139.27 Pa,165.23 Pa 和 161.28 Pa,有导流板和倾斜布风板的结构压差最大,有利于颗粒的分散。

6.4.3 湍动能分布

流场内的湍动能分布如图 6-5 所示。

湍流分布直观地说明了内部结构对流场的分割效果。无导流板和倾斜布风板的图 6-5(b)出现了较大区域和较大强度的湍流,这对小颗粒的分离带来不利,导致小颗粒随湍流在设备内运动而无法排出。竖直导流板可将原来大范围的湍流分割,如图 6-5(c)所示,但在导流板附近形成了 2 个范围较小的湍流,强度较大。设置了倾斜布风板后,只在粗料出口附近形成一个范围很小的湍流,如图 6-5(d)所示,主要由壁面效应造成,强度较弱且出现在倾斜布风板下方,对分级没有影响。图 6-5(a)中在导流板的左侧出现2 个弱小湍流,主要由导流板两侧压差造成,强度较弱,不利影响较小。

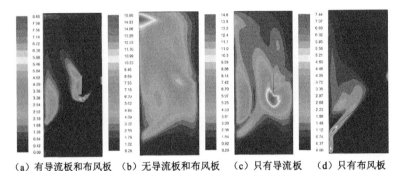

（a）有导流板和布风板　（b）无导流板和布风板　（c）只有导流板　（d）只有布风板

图 6-5　流场湍动能分布

6.4.4　颗粒运动轨迹分布

　　细粒煤运动轨迹如图 6-6 所示。由图 6-6 可知,当入口气流速度为 6 m/s,出风口压强为-200 Pa 时,-1 mm 小颗粒在曳力作用下被气流携带直接从出风口处排出;+2 mm 大颗粒或团聚体主要在重力作用下沿倾斜布风板滚落,在滚落中不断与"阶梯状"倾斜布风板发生碰撞;1～2 mm 中等颗粒或团聚体受到的曳力和重力相当,进入分级机后,在导流板和倾斜布风板之间发生多次碰撞,碰撞中可发生聚团的解聚行为,其中较大颗粒从粗料口低速排出,较小颗粒经过多次碰撞后在导流板或粗料出口附近受曳力作用下沿壁面上升,潮湿煤颗粒团聚体在多次碰撞中实现小颗粒与大颗粒的分离,颗粒与导流板或倾斜布风板的碰撞可破坏潮湿细粒煤的团聚,提高分级效率。1~2 mm 团聚体与壁面发生的碰撞较多较强,因此导流板和布风板的设置有利于中等粒径团聚体的破碎与分散;但+2 mm 团聚体主要沿倾斜布风板滚落,与导流板的碰撞较弱,导流板对大粒径团聚体的碰撞解聚作用有限。因此进一步提高潮湿细粒煤的气流分级效率,还需增强大粒径聚团与壁面的碰撞。

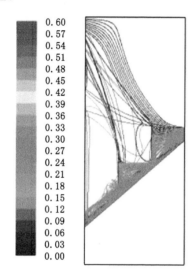

图 6-6　分级机内细粒煤的运动轨迹

6.5　本章小节

采用 Realizable k-ε 湍流模型和欧拉-拉格朗日方法的离散相模型,对气流分级机内的气固两相流进行了数值模拟,得出以下结论：

（1）分级机内设置的倾斜布风板可造成压强和流速的阶跃，提升气体对细粒煤的携带作用，有利于细粒煤的分离。

（2）导流板的设置能增强流场，提高压差，分割湍流，对颗粒的分散有利。

（3）潮湿细粒煤进入分级机后，小颗粒在导流板附近受曳力作用上升从细料出口逸出，大颗粒沿倾斜布风板滚落于粗料出口排出，实现分级。

（4）导流板的设置主的设置可使中等粒径颗粒在导流板和布风板之间实现多次碰撞，有利于团聚体的解聚。

7 潮湿细粒煤的气流分级实验

7.1 分级设备和分级效果评价

由第 6 章的 CFD 模拟结果可知,在分级机内设置两导流板可增加流场的流速和局部压差,能增强中等粒径颗粒与壁面的碰撞,有利于聚团解聚。本章对增设导流板的气流分级机进行了潮湿细粒煤的分级实验。

实验中使用气流分级设备主要由罗茨风机、离心风机、分级机和旋风除尘器、胶带给料机组成,如图 7-1 所示。其工作流程为:利用胶带给料机将一定质量的物料均匀地从入料口给入,物料下落一段距离后进入到分级机内,在罗茨风机产生的高速气流及离心风机分配的分散风作用下,对入料进行分散。潮湿煤粒及其团聚体下落后与分级机内的倾斜布风板发生碰撞,解聚后的粗粒煤沿倾斜板布风板滚落后收集,细粒煤由气流携带进入分级区,通过除尘器收集后由细粒级出口连续排出。实验中通过调节给料机的给料速度控制入料量,调节风机的转速来调节风量并通过转子流量计读出风量的数值,不同的风量可实现不同的分级粒度。

气流分级中常用分级效率 η_s 来评价分级效果,计算方法如下[226]:

$$\eta_s = \frac{(\alpha - \theta) \times (\beta - \alpha) \times 100}{\alpha \times (\beta - \theta) \times (100 - \alpha)} \times 100\% \qquad (7-1)$$

其中,α 为入料中小于规定粒度的细粒含量;β 为细粒产品中小于规定粒度的细粒含量;θ 为粗粒产品中小于规定粒度的细粒含量。

图 7-1　气流分级设备

7.2　气流分级实验

由于课题组已对内部没有导流板的分级机进行过相关的气流分级实验,本次分级实验主要针对内部增设导流板的分级机进行。先保持入料处理量和入料水分不变,试验不同风量下的分级效果;再保持风量和入料量不变,在原煤中加入不同质量的水,改变入料的外水含量,试验分级机对不同水分的潮湿煤的分级效果。

7.2.1　入料性质

分级入料为神东布尔台 13 mm 的原煤,对该煤样进行筛分、晾干、称重后获得了原煤各粒级的产率和外水含量,结果列于表 7-1。

由表 7-1 可见,原煤中+6 mm 的细粒煤产率为 33.21%,3~6 mm 细粒煤产率相对较少些,约为 22.80%,而 2.5~3 mm 细粒煤产率最多,高达 43.99%,是原煤中的主导粒度级。各粒级原煤

表 7-1 原煤中各粒级的产率和外水含量

粒级 /mm	粒度 /mm	产率 /%	筛下累计产率 /%	外水含量 /%	筛下累计外水含量 /%
0～0.5		13.25	13.25	14.08	14.08
0.5～1.0	0.5	11.30	24.55	13.80	13.95
1.0～1.5	1.0	5.26	29.81	10.22	13.29
1.5～2.0	1.5	7.99	37.79	8.57	12.30
2.0～2.5	2.0	3.41	41.20	8.82	12.01
2.5～3.0	2.5	2.79	43.99	8.02	11.75
3.0～6.0	3.0	22.80	66.79	6.93	10.11
＞6	6.0	33.21	100.00	5.77	8.67

的外在外水含量从 6.93% 到 14.08%,0～0.5 mm 的细粒煤外水
含量为 14.08%,0～3 mm 外水含量为 11.7%,3～6 mm 粒级的
外水为 10.11%,全样外水 8.67%,且粒度越细水分越高。从数据
来看布尔台煤样的外水较高,若采用筛分方法进行 3 mm 或 6 mm
筛分将比较困难。

7.2.2 不同风量下的分级实验

为考察分级设备对潮湿细粒煤的分级效果,在原煤中人为掺
入外水,使入料的外在水分变为 11.96%,在物料处理量为 1.82
t/h 时,调节风量,分别在 800 m³/h、1 200 m³/h、1 600 m³/h 和
1 800 m³/h 4 个风量下进行气流分级实验,收集分级后的粗、细粒
产品,经晒干、筛分、称重后可得到产品的质量,及由式(7-1)计算
得到的分级效率,列于表 7-2 中,同样风量下无导流板时的分级效
率也列于该表。

表 7-2　不同风量的实验结果

风量 /(m³/h)	粒级 /mm	粒度 /mm	粗粒产品		细粒产品		分级效率 /%	无导流板时分级效率[227] /%
			占产物 /%	占入料 /%	占产物 /%	占入料 /%		
800	<1.0		6.67	4.22	41.01	15.06		
	1.0~2.0	1.0	8.40	5.32	33.40	12.26	51.27	49.05
	2.0~3.0	2.0	6.21	3.93	10.00	3.67	59.25	57.13
	3.0~4.0	3.0	7.28	4.61	8.77	3.22	59.41	57.76
	4.0~5.0	4.0	7.06	4.47	3.71	1.36	59.19	58.37
	5.0~6.0	5.0	11.10	7.02	3.11	1.14	56.49	55.86
	>6.0	6.0	53.28	33.72	0.00	0.00	55.40	55.36
	总和		100.00	63.28	100.00	36.72		
1 200	<1.0		5.35	2.62	37.09	18.90		
	1.0~2.0	1.0	4.13	2.02	32.75	16.69	46.95	47.41
	2.0~3.0	2.0	6.07	2.98	10.13	5.16	62.72	60.55
	3.0~4.0	3.0	8.02	3.93	4.59	2.34	64.46	63.94
	4.0~5.0	4.0	10.13	4.97	7.08	3.61	61.50	61.29
	5.0~6.0	5.0	13.89	6.81	5.52	2.81	62.28	62.00
	>6.0	6.0	52.41	25.70	2.83	1.44	62.64	61.93
	总和		100.00	49.03	100.00	50.97		
1 600	<1.0		3.35	1.72	24.74	12.01		
	1.0~2.0	1.0	2.57	1.32	25.97	12.61	45.10	44.98
	2.0~3.0	2.0	3.46	1.78	12.01	5.83	55.91	55.00
	3.0~4.0	3.0	3.55	1.83	9.22	4.48	58.36	57.17
	4.0~5.0	4.0	3.7	1.90	11.19	5.43	60.68	60.45
	5.0~6.0	5.0	21.94	11.29	9.85	4.78	66.47	66.57
	>6.0	6.0	61.43	31.61	7.02	3.41	59.72	59.49
	总和		100.00	51.46	100.00	48.54		

表 7-2(续)

风量 /(m³/h)	粒级 /mm	粒度 /mm	粗粒产品 占产物 /%	粗粒产品 占入料 /%	细粒产品 占产物 /%	细粒产品 占入料 /%	分级 效率 /%	无导流板时 分级效率[227] /%
	<1.0		3.17	1.54	22.08	11.35		
	1.0~2.0	1.0	2.36	1.15	27.54	14.16	42.06	41.82
	2.0~3.0	2.0	2.79	1.36	13.54	6.96	54.39	53.51
1 800	3.0~4.0	3.0	3.55	1.72	8.12	4.18	59.09	57.28
	4.0~5.0	4.0	5.64	2.74	11.01	5.66	60.76	58.73
	5.0~6.0	5.0	7.98	3.88	8.97	4.61	64.75	64.22
	>6.0	6.0	74.51	36.20	8.74	4.49	68.08	67.83
	总和		100.00	48.58	100.00	51.42		

7.2.3 对不同外水含量原煤的分级实验

在原煤中添加不同质量的外水,将入料的外水含量调节为 8.37%、9.94%、11.96%、13.88%在入料量为 1.82 t/h,风量分别 1 200 m³/h 条件下对不同外水含量的原煤进行气流分级实验。 收集粗、细两个粒级的产品,晒干、筛分、称重后得到的实验数据列 于表 7-3,同样入料水分下无导流板时的分级效率也列于该表。

表 7-3 不同外水含量原煤的实验结果

外水含量 /%	粒级 /mm	粒度 /mm	粗粒产品 占产物 /%	粗粒产品 占入料 /%	细粒产品 占产物 /%	细粒产品 占入料 /%	分级 效率 /%	无导流板时 分级效率[227] /%
	<1.0		2.25	0.75	44.92	29.97		
	1.0~2.0	1.0	2.07	0.69	30.04	20.04	44.53	44.16
	2.0~3.0	2.0	3.16	1.05	13.05	8.71	62.80	60.47
8.37	3.0~4.0	3.0	9.24	3.08	4.87	3.25	75.32	74.11
	4.0~5.0	4.0	14.7	4.89	4.48	2.99	77.13	76.87
	5.0~6.0	5.0	20.13	6.70	2.14	1.43	78.97	78.65
	>6.0	6.0	48.45	16.13	0.5	0.33	77.43	76.64
	总和		100.00	33.29	100.00	66.71		

表 7-3(续)

外水含量 /%	粒级 /mm	粒度 /mm	粗粒产品		细粒产品		分级效率 /%	无导流板时分级效率[227] /%
			占产物 /%	占入料 /%	占产物 /%	占入料 /%		
	<1.0		4.74	1.71	41.69	26.68		
	1.0~2.0	1.0	5.08	1.83	31.56	20.20	41.89	41.50
	2.0~3.0	2.0	7.19	2.59	12.49	7.99	58.47	57.11
9.94	3.0~4.0	3.0	9.31	3.35	4.02	2.57	66.57	64.00
	4.0~5.0	4.0	14.38	5.18	6.17	3.95	66.03	66.43
	5.0~6.0	5.0	12.89	4.64	3.23	2.07	69.86	69.92
	>6.0	6.0	46.41	16.71	0.84	0.54	73.56	73.25
	总和		100.00	36.01	100.00	63.99		
	<1.0		5.35	2.62	37.09	18.90		
	1.0~2.0	1.0	4.13	2.02	32.75	16.69	46.95	47.41
	2.0~3.0	2.0	6.07	2.98	10.13	5.16	62.72	60.55
11.96	3.0~4.0	3.0	8.02	3.93	4.59	2.34	64.46	63.94
	4.0~5.0	4.0	10.13	4.97	7.08	3.61	61.50	61.29
	5.0~6.0	5.0	13.89	6.81	5.52	2.81	62.28	62.00
	>6.0	6.0	52.41	25.70	2.83	1.44	62.64	61.93
	总和		100.00	49.03	99.99	50.97		
	<1.0		7.96	4.75	35.86	14.44		
	1.0~2.0	1.0	5.12	3.06	22.93	9.24	43.26	43.24
	2.0~3.0	2.0	6.17	3.68	12.73	5.13	50.97	48.67
13.88	3.0~4.0	3.0	6.98	4.17	10.55	4.25	52.26	51.96
	4.0~5.0	4.0	7.28	4.35	8.56	3.45	53.76	54.73
	5.0~6.0	5.0	9.2	5.49	5.87	2.36	55.91	55.54
	>6.0	6.0	57.3	34.22	3.51	1.41	56.42	56.45
	总和		100.01	59.72	100.01	40.28		

7.3　因素分析

7.3.1　风量对分级效率的影响

根据表 7-2,图 7-2 绘制了不同风量下各粒度的分级效率的变化曲线。由图可知,在风量相同时,各粒度下的分级效率并不相同,相对于其他粒度,1 mm 粒度的分级效率总是最小。风量 800 m³/h 时 1 mm 粒度的分级效率最大,为 51.27%,而风量 1 800 m³/h 时 1 mm 粒度的分级效率最小,为 42.06%。由于潮湿细粒煤易团聚成细颗粒聚团或包衣结构聚团,且粒径越小团聚越强烈,所以,在每一个风量条件下,相对于该风量下对应的分级粒度,细粒级的分级效率都低,比如风量 800 m³/h 时,相应的分级粒度大约 2.5 mm,1 mm 粒度的分级效率就低,风量 800 m³/h 时,流体曳力较小,不能携带相对大粒径的细煤进入细粒产品中,所以在粗粒产品中 0~1 mm 的细粒煤错配相对较多,分级效率较低;但是,对于超过相应风量分级粒度,粗粒级的分级效率也会降低,这主要是因为这时相对而言该风量显得偏小,粗粒级产品中错配的粗粒偏多,分级效率低。随着风量的增加,流体曳力也随之增大,细产品中将混入更多大粒径的细粒煤,使得 0~1 mm 的细粒煤产率减小,因而分级效率降低。随着风量的增加,各个粒度的分级效率都在增加,但不同粒度下分级效率增加的幅度不一致。风量 1 200 m³/h 下,3 mm 粒度的分级效率增加到最大,为 64.46%;风量 1 600 m³/h 下,5 mm 粒度的分级效率最大,为 66.47%;风量 1 200 m³/h 下,6 mm 粒度的分级效率最大,为 68.08%。流体曳力作为分级机内主要的分散力,在风量较小时曳力较弱,不足以克服小粒径颗粒间的团聚力,也不易吹走黏附在大颗粒表面的小颗粒。随着风量的逐渐增加,曳力逐渐增强,对颗粒间团聚的破坏作用越来越大,将更多黏附于粗粒表面的细粒煤吹散,分级效率得到提高。分级效率曲线最大值对应的粒度即为分级粒度,由图可见,风量越大,分级效率曲线的峰值往大粒度方向移动,分级粒度越大。因此,通过调节风量可改变分级粒度,对于每个粒度,需要选择合适的风量可获得最大的分级效率。

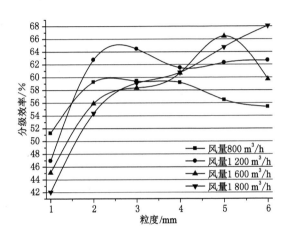

图 7-2　不同风量下的分级效率

图 7-3 描绘了在不同风量下,分级机内有导流板和无导流板时的分级效率曲线。由图可见,不同风量下,在大多数粒度下,有导流板时分级机的分级效率略大些,增加范围在 -0.46% ~ 2.22%。风量为 800 m³/h 到 1 600 m³/h 时,2~3 mm 粒度范围内的分级效率增加较为明显;当风量增加到 1 800 m³/h 时,3~4 mm 粒度的分级效率增加较明显,有无导流板对 1 mm 粒度和 6 mm 粒度下的分级效率差别不大。由于导流板的设置可使聚团/颗粒在倾斜布风板和导流板之间形成多次碰撞,能增强聚团的解聚,所以设置了导流板后分级效率会略有提高。CFD 模拟结果显

示,导流板主要增强了中等粒径聚团的碰撞,因此对中间粒度的分级效率提高较明显。

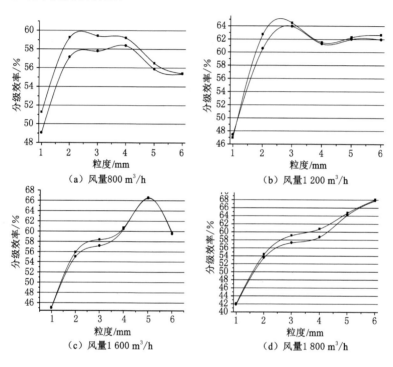

图 7-3　不同风量下导流板对分级效率的影响

7.3.2　入料水分对分级效率的影响

根据表 7-3,图 7-4 绘制了对不同外水含量细粒煤的分级效率。由图可见,随着入料水分的增加,不同粒度下的分级效率都有一定程度的下降。入料外水含量为 8.37% 时的最大分级效率为 78.97%,入料外水含量为 9.94% 时的最大分级效率降为 69.86%,当入料外水含量为 11.96% 时,最大分级效率降至

64.46%,当外水含量为 13.88% 时,最大分级效率仅为 56.42%。这种变化和外水含量对颗粒团聚行为具有一定影响。随着原煤外水含量的增加,潮湿颗粒间形成的液桥的数目和体积都增加,导致静态液桥力增大,颗粒团聚更强。增加的团聚力使得湿煤聚团的解聚越发困难,更多的细颗粒黏附在粗颗粒表面,或形成细粒煤聚团进入到粗产品中,分级效率显著下降。由于外水在各粒级中颗粒中的分布并不均匀,由表 7-1 可见,粒级越小,外水含量越多,因此0~1 mm 粒级内颗粒含水较多,故各个外水含量下 1 mm 粒度的分级效率最低,并且外水含量对 1 mm 粒度的分级效率影响较小,而对大粒度下的分级效率影响很大。

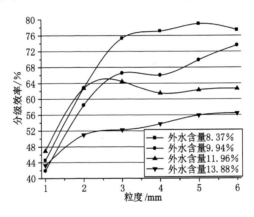

图 7-4 对不同外水含量潮湿细粒煤的分级效率

根据表 7-3,图 7-5 绘制了分级机内有导流板和无导流板时对不同水分入料的分级效率图。由图可见,当入料水分为 9.94% 和 11.96% 时,导流板的设置对 2~3.5 mm 粒度的分级效率有一定提高,而当水分为 8.37% 时,由于水分较低团聚较弱,有、无导流板时各粒度的分级效率相当,导流板的设置对分级效率影响不大。当水分增大到为 13.88% 时,由于水分较高,颗粒间的团聚较强,

甚至形成了大粒径的聚团,含水较多的湿聚团在碰撞后会黏附在
布风板或导流板上,使得有些粒度下,有导流板时的分级效率甚至
低于无导流板时,因此在高水分下,仅利用导流板无法提高分级效
率,分级机内还需设置其他的振动结构。

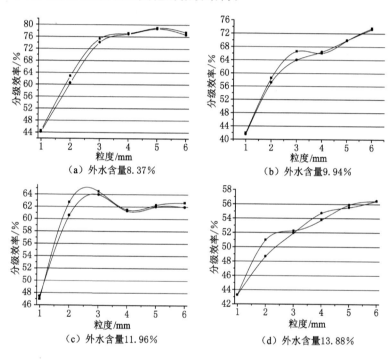

图 7-5　不同入料水分下导流板对分级效率的影响

7.4　本章小结

　　本章利用内部设置导流板的气流分级设备进行了潮湿细粒煤
的分级实验。根据分级机在不同风量下对潮湿细粒煤的分级效

果,以及对不同外水含量的潮湿细粒煤的分级效果,得到如下结论:

(1)在风量相同时,各粒度下的分级效率并不相同,对应不同风量各自有一个分级效率最高的对应分级粒度。随着风量的增加,大粒度下分级效率提高明显,分级效率曲线的峰值往大粒度方向移动,分级粒度变大。通过调节风量可改变分级粒度。

(2)随着入料水分的增加,不同粒度下的分级效率都有一定程度的下降。外水含量对 1 mm 粒度的分级效率影响较小,而对大粒度下的分级效率影响较大。

(3)不同风量下,在大多数粒度下,有导流板时分级机的分级效率略高些,设置导流板对中等粒度的分级效率提高较明显。风量一定时,导流板的设置对外水含量较低和较高时的分级效率影响不大。

8 结论和展望

8.1 结论

本书将细粒煤简化成球形颗粒,先对气流分级中潮湿细粒煤的受力进行了分析和量级计算,从力学角度对煤的团聚和分散问题给予解释;建立了细粒煤颗粒团聚的统计自相似分形模型,采用分形维数表征团聚的强弱,通过团聚实验研究了细粒煤的外水含量、初级粒径和密度对团聚的影响;通过高速动态摄像仪拍摄了潮湿细粒煤聚团在不同条件下的碰撞破碎行为,运用图像分析技术获得了碎片的粒径分布、煤核速度和转速,结合聚团质量损失,研究不同条件下的碰撞对聚团破碎的效果;利用离散单元法和液桥理论,从细观上分析了聚团碰撞分离的物理过程和力学机理,从动力学角度讨论了两湿颗粒的分离条件和影响因素,并用颗粒流软件 CFD 对碰撞进行了数值仿真,研究了多颗粒的包衣结构湿聚团的碰撞破碎行为;最后利用课题组研制的气流分级设备进行了潮湿细粒煤的分级实验,从力学和碰撞角度分析了实验结果并利用流体力学软件 Fluent 对分级机内的气固两相流进行了数值模拟,为分级机内部结构的优化提供参考和指导。通过这一系列较为全面的研究,得出如下结论:

(1)在气流分级中,范德华力是促使干燥颗粒团聚的主要作用力,静态液桥力是促使潮湿颗粒团聚的主要作用力,曳力和碰撞力是使颗粒分散的作用力。分级中脱粉难(小颗粒黏附在大颗粒上)的主要原因是由于团聚力和分散力随着颗粒粒径比的增加呈现不同的增幅,静态液桥力的增幅远大于曳力和碰撞力,使小颗粒黏附于大颗粒更不易分离。气流分级中加入碰撞可破坏湿颗粒的团聚,有助于分散。

(2)潮湿细煤的团聚具有较强的分形特征,可用团聚体的数量-粒径分形维数来表征团聚的强弱,分形维数越小,团聚越强。分形维数随着煤中水分的增加而减小,随着煤的密度的增加先减小后略增,随着细粒煤初级粒径增大而快速增加。分形维数与煤中外水含量、煤的密度之间有较强的负相关性,而与煤的初级粒径之间呈现很强的正相关性。

(3)碰撞实验发现,聚团的碰撞分离根据黏附细粒煤的质量和煤核的旋转情况呈现出三种模式:碰撞式分离、重力-碰撞式分离和剪切-碰撞式分离。碰撞对聚团的破碎效果随着黏附细粒煤粒径的增加而变好;随着碰撞板倾角的增加,碰撞中的聚团的质量损失减小但碎片的分散性变好;碰撞板的表面凹凸形态对聚团质量损失的影响并不明显,但对破碎粒径比的影响较为显著。实际中,需结合所需的碰撞效果,选择合适的碰撞角度,对碰撞板做一定的凹凸处理可提高分散性。

(4)湿聚团的碰撞分离过程可分成聚团与壁面的碰撞、小颗粒与大颗粒的接触碰撞以及液桥的拉伸断裂三个阶段。聚团与壁面的碰撞打破了聚团内的颗粒运动速度的一致性,使得颗粒间出现相对运动速度发生接触碰撞而产生分离趋势,颗粒的分离运动使粒间液桥发生拉伸变形,当颗粒间的最大分离距离大于液桥的断裂距离时,液桥发生断裂,湿颗粒得以分离。对湿颗粒的分离和液桥的断裂起决定作用的是法向速度,湿聚团的分离需要一最小法向分离初速;水分的增加使得湿聚团难分的主要原因是液桥难以断裂造成的,而并非静态液桥力的迅速增大;包衣结构湿聚团内液桥的破碎是由碰撞点向外、由底部向上、由内层向外逐渐扩展,经历了缓慢破裂、快速破裂和完全破裂三个阶段。碰撞速度越大,颗粒重力越大、黏结强度越小、大颗粒的转速越高,聚团的破碎越快且破碎程度越高。

(5) 分级机内设置的倾斜布风板可造成压强和流速的阶跃,提升气体对细粒煤的携带作用,有利于细粒煤的分离;设置的导流板的设置能增强流场,提高压差,分割湍流,对颗粒的分散有利;小颗粒在导流板附近受曳力作用上升逸出,而大颗粒沿倾斜布风板滚落排出,实现分级;导流板和布风板的设置主要可对中等粒径聚团的解聚与分散有利,但对大粒径聚团的破坏作用有限。

(6) 气流分级实验中,各粒度下的分级效率在风量相同时并不相同,各个风量对应有一个最高分级效率。随着风量的增加,大粒度下分级效率提高明显,分级效率曲线的峰值往大粒度方向移动,分级粒度变大。通过调节风量可改变分级粒度。随着入料水分的增加,不同粒度下的分级效率都有一定程度的下降。外水含量对 1 mm 粒度的分级效率影响较小,而对大粒度下的分级效率影响较大。分级机内设置导流板对大多数粒度的分级效率略有提高,对中等粒度的分级效率提高较明显。当入料外水含量较低和较高时,导流板的设置对分级效率影响不大。

8.2 展望

本书研究工作取得了上述成果,但由于时间和实验条件的限制,还有一些细节问题未考虑周全,一些理论问题有待深入展开,一些实验设想未能实施,今后工作中将从以下角度继续完善和开展研究:

(1) 团聚的分形研究中发现,分形维数随着密度的增加先减小后略增,在密度为 $1.6 \sim 1.8$ g/cm³ 左右达到最小,团聚最强。该现象虽然借用了别人利用 DLVO 理论分析得出的结论加以解释,但不够严谨,DLVO 理论适用于胶体体系的团聚问题,而用来解释湿煤的团聚问题,有点牵强。此外,该处还可进行更深入的实验研究,如在镜煤中掺入不同质量和不同种类的矿物,进行团聚实验,借助于分形维数来研究煤和哪种矿物间有较强的团聚行为;另外,团聚的选择性问题目前还没有很有说服力的理论解释,可进行相关的理论研究。

(2)碰撞实验中发现,选择合适的碰撞角度,对碰撞板做一定的凹凸处理可提高分散性。但是将课题组研制的分级机内碰撞板设置成多大的倾斜角,表面凹凸如何处理才能有最好的分级效果,这一点没有具体化。还有,通过让碰撞板振动可提高分级效果,法向的振动能提高破碎率,而切向的振动可提高分散性,法向和切向的振动该如何搭配才有最好的分级效果,这些还需做大量的实验。

(3)颗粒流 PFC 模拟中用平行黏结接触模型来代替液桥的作用,这种处理较为粗糙。严格的应把静态液桥力添加到每一时步的牛二定律中再迭代求出颗粒位置,通过一个自定义的接触模型来模拟实际的液桥作用。另外,PFC 模拟中没有考虑流体的作用,这些还将继续深入研究。

(4)流体力学软件 Fluent 对分级机内的数值模拟还可以做得更丰富一些,如在不同位置设置不同形状、不同尺寸的导流板,找到能实现更均匀流场的内部设计,让数值模拟技术发挥更大的作用。

参 考 文 献

[1] 康瑞华.我国能源状况对实施可持续发展的影响及对策思考[J].党政干部学刊,2004(5):28-30.

[2] 陈清如,杨玉芬.干法选煤的现状和发展[J].中国煤炭,1997,23(4):19-22.

[3] 陶秀祥,赵跃民,杨国华,等.潮湿细粒煤炭筛分过程堵孔机理的研究[J].煤炭学报,2000,25(2):196-199.

[4] 王新文.减少物料筛分中堵孔颗粒的研究[J].选煤技术,2003(3):18-20.

[5] 赵跃民,刘初升,张成勇.煤炭干法筛分理论与设备的进展[J].煤,2008,17(2):15-18.

[6] 孙乾,蒋善勇,章新喜,等.潮湿煤炭水分对气流分级效果的影响[J].洗选加工,2007,13(2):26-29.

[7] 孟营,章新喜,杨啸.潮湿细粒煤炭复合式气流分级机性能的试验探究[J].矿山机械,2013,41(6):80-83.

[8] 邓锋,章新喜,王进松,等.一种新型煤炭干法分级设备的试验研究[J].煤炭技术,2010,29(11):109-110,113.

[9] 胡荣泽.超细颗粒的基本特性[J].化工冶金,1990,11(2):163-169.

[10] BROWNR,RICHARD J. Principles of Powder Mechanics [M]. New York:Pergamon,1970.

[11] GELDART D. Types of gas fluidization [J]. Powder technology,1973,7(5):285-292.

[12] MOLERUS O. Interpretation of Geldart's type A,B,C and

D powders by taking into account interparticle cohesion forces[J]. Powder technology,1982,33(1):81-87.

[13] JILIANG M, RUUDVAN OMMEN J, DAOYIN L. Fluidization dynamics of cohesive Geldart B particles(Part Ⅱ):Pressure fluctuation analysis[J]. Chemical engineering journal,2019,368(15):627-638.

[14] KONO C, HUANG C, MORIMOTO E, et al. Segregation and agglomeration of type C powders from homogeneously aerated type A-C powder mixtures during fluidization[J]. Powder technology,1987,53(3):163-168.

[15] MORI S, YAMAMOTO A, IWATA S, et al. Vibro-fluidization of group-C particles and its industrial applications[J]. AICHE symposium series,1990,86(276):88-94.

[16] NEDDERMAN R. Statics and Kinematics of Granular Materials [M]. Cambridge: Cambridge University Press,1992.

[17] IVESON S M, LITSTER J D, ENNIS B J. Fundamental studies of granule consolidation(Part 1):Effects of binder content and binder viscosity[J]. Powder technology,1996,88(1):15-20.

[18] IVESON S M, LITSTER J D. Fundamental studies of granule consolidation(Part 2):Quantifying the effects of particle and binder properties[J]. Powder technology,1998,99(3):243-250.

[19] IVESON S M,LITSTER J D. Liquid-bound granule impact deformation and coefficient of restitution [J]. Powder technology,1998,99(3):234-242.

[20] 刘可任. 充填理论基础[M]. 北京:冶金工业出版社,1982.

[21] 韩毅,李隽蓬. 铁路工程地质[M]. 北京:中国铁道出版社,1988

[22] 王奎升. 工程流体与粉体力学基础[M]. 北京:中国计量出版社,2002.

[23] 陈惜明,赵跃民. 潮湿细粒煤筛分过程中堵孔机理与解决办法[J]. 江苏煤炭,2002,25(2):33-36.

[24] KRUPP H,SPERLIN G. Theory of adhesion of small particles[J]. Journal of applied physics,1966,37(11):4176-4180.

[25] KRUPP H. Particle adhesion theory and experiment[J]. Advances in colloid and interface science,1967,1(2):111-239.

[26] 崔洪梅,刘宏,王继扬,等. 粉体的团聚与分散[J]. 机械工程材料,2004,28(8):38-41.

[27] 蒋幼梅,李晓燕. 超细粉的团聚与解聚[C]//首届中国功能材料及其应用学术会议论文集. 广西桂林,1992:746-747.

[28] BAHAR G BASIM,MOUDGIL BRIJ M. Effect of soft agglomerates on CMP slurry performance[J]. Journal of colloid and interface science,2002,256(1):137-142.

[29] GILLESPIE T,SETTINERI W J. The effect of capillary liquid on the force of adhesion between spherical solid particles[J]. Journal of colloid interface science,1967,24(2):199-202.

[30] VISSER J. Vander waals and other cohesive force affecting powder fluidization[J]. Powder technology,1989,58(1):1-10.

[31] HARTLEY P A,PARFITT G D,POLLACK L B. The role

of the van der Waals force in the agglomeration of powders containing submicron particles [J]. Powder technology, 1985,42(1):35-46.

[32] WEBER S, BRIENS C, BERRUTI F, et al. Effect of agglomerates properties of on agglomerate stability in fluidized beds [J]. Chemical engineering science, 2008, 63 (17):4245-4256.

[33] EGGERSDORFER M L, KADAU D, HERRMAN H J, et al. Fragmentation and restructuring of soft-agglomerates under shear [J]. Journal of colloid and interface science, 2010,342(2):261-268.

[34] 卢寿慈. 粉体加工技术[M]. 北京:中国轻工业出版社,1999.

[35] ISRAELACHVILI J. Intermolecular and Surface Forces [M]. London:Academic Press,1992.

[36] 李凤生. 超细粉体技术[M]. 北京:国防工业出版社,2000.

[37] KONO H O, MATSUDA T, HUANG C C, et al. Agglomeration cluster formation of fine powders in gas-solid two phase flow[J]. AIChE symposium series,1990, 276(86):72-77.

[38] FISHERR A. On the capillary forces in an ideal soil: correction of formula given by W. B. Haines[J]. Journal of agricultural science,1926,16(3):492-505.

[39] LIAN G, THORNTON C, ADAMS M J. A theoretical study of liquid bridge forces between two rigid spherical bodies[J]. Journal of colloid and interface science,1993,161 (1):138-147.

[40] IVESON S M, BEATHE J A, PAGE N W. The dynamic strength of partially staturaed powder compacts: the effect

of liquid properties[J]. Powder technology,2002,127(2):
149-161.

[41] 沈钟,王国庭. 胶体与表面化学[M]. 北京:化学工业出版社,1997.

[42] MELIS S,VERDUYN M, STORTI G,et al. Effect of fluid motion on the aggregation of small particles subject to interaction forces [J]. AIChE journal, 1999, 45 (7): 1383-1393.

[43] BIKAD G, GENTZLER M, MICHAELS J N. Mechanical properties of agglomerates[J]. Powder technology, 2001, 117(1-2):98-112.

[44] RUMPF H, KNEPPERW A. Agglomeration [M]. New York:John Wiley,1962.

[45] 张文斌,祁海鹰,由长福. 影响微细颗粒团聚的粘性力分析 [J]. 中国粉体,2001,7:143-146.

[46] DENG Z Y,ZHOU Y,INAGAKI Y,et al. Role of Zr(OH)$_4$ hard agglomerates in fabricating porous ZrO$_2$ ceramics and the reinforcing mechanisms[J]. Acta materialia, 2003, 51 (3):731-739.

[47] JERZY BAŁDYGA, GRZEGORZ TYL, MOUNIR BOUAIFI. Perikinetic and orthokinetic aggregation of small solid particles in the presence of strong repulsive forces [J]. Chemical engineering research and design,2018,136:491-501.

[48] LAUGA C,CHAOUKI J,KLVANAC,et al. Improvement of the fluidizability of Ni/SiO$_2$ aerogels by reducing inter-particle forces [J]. Powder technology, 1991, 65 (1-3): 461-468.

[49] ISRAELACHVILI J N. Intermolecular and Surface Forces

［M］. London：Academic Press,1991.

［50］ MOLERUS O. Interpretation of Geldart's type A,B,C and D powders by taking into account interparticle cohesion force［J］. Powder technology,1982,33(1)：81-87.

［51］ SCHERER G W. Drying gels. 1. general theory［J］. Journal of non-crystallinesolids,1986,87(1)：199-225.

［52］ RAHUL SHARMA, GAUTAM SETIA. Mechanical dry particle coating on cohesive pharmaceutical powders for improving flowability-A review ［J］. Powder technology, 2019,10(356)：458-479.

［53］ DAVID R, PAULAIME A M, ESPITALIER F, et al. Modelling of multiple-mechanism of agglomeration in crystallization process［J］. Powder technology,2003,130(1-3)：338-344.

［54］ NORE P H,MERSMANN A. Batch precipitation of barium carbon-ate［J］. Chemical engineering science,1993,48(17)：3083-3087.

［55］ SHI J L,GAO J H,LIN X,et al. Effect of agglomerates in ZrO_2 powder compacts on the microstructure development ［J］. Journal of material science,1993：28(2)：342-348.

［56］ 刘志强,李小斌,彭志宏,等. 湿化学法制备超细粉末过程中的团聚机理及消除方法［J］. 化学通报,1999,62(7)：54-57.

［57］ 王剑华,郭玉忠. 超细粉制备方法及其团聚问题［J］. 昆明理工大学学报(理工版),1997,22(1)：71-77.

［58］ 葛荣德,赵天从,朱宜惠. 粉末团聚体强度表征的新方法［J］. 硅酸盐学报,1993,21(3)：229-232.

［59］ 张季如,朱瑞赓,祝文化,等.用粒径的数量分布表征的土壤分形特征［J］. 水利学报,2004(4)：67-71,79.

［60］杨培岭,罗远培,石元春. 用粒径的重量分布表征的土壤分形特征［J］. 科学通报,1993,38(20):1896-1899.

［61］李德成,张桃林. 中国土壤颗粒组成的分形特征研究［J］. 土壤与环境,2000,9(4):263-265.

［62］黄冠华,詹卫华. 土壤颗粒的分形特征及其应用［J］. 土壤学报,2002,39(4):490-497.

［63］VELAZQUEZ-CAMILO O, BOLANOS-REYNOSO E, RODRIGUEZ E, et al. Characterization of cane sugar crystallization using image fractal analysis［J］. Journal of food engineering,2010,100(1):77-84.

［64］刘洪涛,葛世荣,朱华. 微粒团聚的尺度效应及其分形表征［J］. 润滑与密封,2006,31(12):1-3,29.

［65］MANDELBROT B. How long is the coast of Britain? Statistical self-simility and fractional dimension ［J］. Science,1967,150:636-638.

［66］张济忠. 分形［M］. 北京:清华大学出版社,1995.

［67］谢和平,薛秀谦. 分形应用中的数学基础与方法［M］. 北京:科学出版社,1997.

［68］STEFANSKI K. Fractal:from Chance and Dimension［M］. San Francisco:Freeman,1977.

［69］FACONER K,福尔克纳,曾文曲. 分形几何——数学基础及其应用［M］. 沈阳:东北大学出版社,1991.

［70］辛厚文. 分形理论及其应用［M］. 合肥:中国科学技术大学出版社,1993.

［71］FALCONER K J. The Hausdorff dimension of self-affine fractals［J］. Mathematical proceedings of the Carmbridge philosophical society,1988,103(2):339-350.

［72］NOORDWIJK MV, PURNOMOSIDHI P. Root

architecture inrelation to tree-soil-crop interactions and shoot pruning in agroforestry[J]. Agroforestry systems, 1995,30(1-2):161-173.

[73] 陶高梁,张季如. 表征孔隙及颗粒体积与尺度分布的两类岩土体分形模型[J]. 科学通报,2009,54(6):838-846.

[74] TURCOTTE D L. Fractals and fragmentation[J]. Journal of geophysical research,1986,91(2):1921-1926.

[75] TYLER S W, WHEATCRAFT S. Fractal scaling of soil particle size distributions:analysis and limitations[J]. Soil science society of America journal,1992,56(2):362-369.

[76] MANDELBROT B B. The Fractal Geometry of Nature [M]. San Francisco:Freeman Press,1982.

[77] 王国梁,周生路,赵其国. 土壤颗粒的体积分形维数及其在土地利用中的应用[J]. 土壤学报,2005,42(4):545-550.

[78] 胡云锋,刘纪远,庄大方,等.不同土地利用/土地覆盖下土壤粒径分布的分维特征[J]. 土壤学报,2005,42(2):336-339.

[79] 杨秀春,刘连友,严平. 土壤短期吹蚀的粒度分维研究[J]. 土壤学报,2004,41(2):176-182.

[80] 李金萍,盖国胜,郑洲顺, 等. 粉体颗粒的分形表征与分维计算[J]. 有色矿冶,2005,21(S1):92-94.

[81] MILLAN H, ORELLANA R. Mass fractal dimensions of soil aggregates from different depths of a compacted vertisol[J]. Geoderma,2001,101(3-4):65-76.

[82] DIAZ-ZORITA M,PERFECT E,GROVE J H. Disruptive methods for assessing soil structure [J]. Soil &tillage research,2002,64(1-2):3-22.

[83] CARVALHO R, DECHEN S, FUFRANC G. Spatial variability of soil aggregation evaluated by fractal geometry

and geostatistics[J]. Revista brasileira de ciencia do solo, 2004,4(28):1-9.

[84] 李琰. 不同土地利用方式下紫色土团聚体分形特征和肥力研究[J]. 土壤学报,2008,12(4):198-203.

[85] CHANG K K,XI Y P,ROH Y S. A fractal fracture model and application to concrete with different aggregate sizes and loading rates [J]. Structural engineering and Mechanics,2006,23(2):147-161.

[86] GREGORY J. Monitoring particle aggregation processes [J]. Advances in colloid and interface science, 2009, 147-148:109-123.

[87] 郑世琴,黄虹宾,刘淑艳,等. 声波团聚煤飞灰微粒的新数学模型[J]. 北京理工大学学报,1999,6:34-36.

[88] 邵雷霆,冯连芳,许忠斌. 剪切场作用下团聚体分散的计算机模拟[J]. 高分子材料科学与工程,2006,22(2):189-193.

[89] 崔燕. 微米级固体颗粒的分形及其与界面间黏附力的关系研究[D]. 长沙:中南大学,2011.

[90] 高召宁. 颗粒物质的分形特征与其物理力学性质的关系探讨[J]. 实验力学,2004,26(3):285-290.

[91] 欧阳鸿武,黄誓成,彭政,等. 颗粒物质的堵塞行为[J]. 粉末冶金材料科学与工程,2008,13(5):260-268.

[92] 李泳,陈晓清,胡凯衡,等. 泥石流颗粒组成的分形特征[J]. 地理学报,2005,60(3):495-502.

[93] 涂新斌,王思敬,岳中琦. 风化岩石的破碎分形及其工程地质意义[J]. 岩石力学与工程学报,2005,24(4):587-595.

[94] IVESON S M, LITSTER J D, HAPGOOD K. Nucleation growth and breakage phenomena in agitated wet granulation processes: a review [J]. Powder technology,

2001,117(1-2):3-9.

[95] IVESON S M,PAGE N W,LITSTER J D. The importance of wet-powder dynamic mechanical properties in understanding granulation[J]. Powder technology,2003, 130(1-3):97-101.

[96] HOLM P, JUNGERSEN O, SCHAEFER T, et al. Granulation in high speed mixers (Part 1): Effects of process variables during kneading[J]. Die pharmazeutische industrie,1983,45(8):806-811.

[97] WAUTERS P,JAKOBSEN R,LITSTER J D,et al. Liquid distribution as a means to describing the granule growth mechanism [J]. Powder technology, 2002, 123 (2-3): 166-177.

[98] KNIGHT P C,INSTONE T,PEARSON J M K,et al. An investigation into kinetics of liquid distribution and growth in high shear mixer agglomeration[J]. Powder technology, 1998,97(3):246-257.

[99] SHERINGTON P,OLIVER R. Granulation[M]. London: Heyden,1981.

[100] SCHAEFER T, HOLM P, KRISTENSEN H G. Melt pelletization in a high shear mixer(Part Ⅰ):Effects of process variables and binder [J]. Acta pharmaceutica nordica,1992,4(3):133-140.

[101] VIALATTE L. Application granulation paragitation mécanique [D]. Thesis: Universit dé Technologie de Compiègne,1998.

[102] ELIASEN H, SCHAEFER T, KRISTENSEN H G. Effects of binder rheology on melt agglomeration in a high

shear mixer[J]. International journal of pharmaceutics, 1998,176(1):73-83.

[103] ELIASEN H, KRISTENSEN H G, SCHAEFER T. Growth mechanisms in melt agglomeration with a low viscosity binder [J]. International journal of pharmaceutics,1999,18(2)6:149-159.

[104] SCHAEFER T, MATHIESEN C. Melt pelletization in a high shear mixer(Part Ⅷ):Effects of binder viscosity[J]. International journal of pharmaceutics, 1996, 139 (1-2): 125-138.

[105] SCHAEFER T. Growth mechanisms in melt agglomeration in high shear mixers [J]. Powder technology,2001,117(1-2):68-82.

[106] KENINGLEY S, KNIGHT P, MARSON A D. An investigation into the effects of binder viscosity on agglomeration behaviour[J]. Powder technology,1997,91 (2):95-103.

[107] KNIGHT P C. An investigation of the kinetics of granulation using a high shear mixer [J]. Powder technology,1993,77(2):159-169.

[108] KNIGHT P C. Structuring agglomerated products for improved performance[J]. Powder technology, 2001, 119 (1):14-25.

[109] KUO H P, KNIGHT P C, PARKER D J, et al. Solids circulation and axial dispersion of cohesionless particles in a V-mixer. [J]. Powder technology,2005,152:133-140.

[110] KNIGHT P C,JOHANSEN A,KRISTENSEN H G,et al. An investigation of the effects on agglomeration of

changing the speed of a mechanical mixer[J]. Powder technology,2000,110(3):204-209.

[111] CAPES C E,DANCKWERTS P V. Granule formation by the agglomeration of damp powders (Part Ⅰ): The mechanism of granule growth[J]. Insights intochemical Engineers,1965,43(1):116-124.

[112] IVESON S M, LITSTER J D. Fundamental studies of granule consolidation(Part 2): quantifying the effects of particle and binder properties[J]. Powder technology, 1998,99(3):243-250.

[113] IVESON S M, LITSTER J D. Liquid-bound granule impact deformation and coefficient of restitution[J]. Powder technology,1998,99(3):234-242.

[114] KNIGHT P. Structuring agglomerated products for improved performance[J]. Powder technology, 2001, 119 (1):14-25.

[115] MISHRA B K,THORNON C. Impact breakage of partical agglomerates [J]. International journal of mineral processing,2001,61(4):225-239.

[116] 刘连峰. 颗粒聚合体碰撞破损的细观力学仿真研究[J]. 力学进展,2006,36(4):599-610.

[117] CHAOUKI J,CHAVARIE C,KLVANA D,et al. Effect of Interparticle Forces on the Hydrodynamic Behavior of Fluidized Aerogels[J]. Powder technology, 1985,43(2): 117-125.

[118] MOROOKA S, KUSAKABE K, KOBATA A, et al. Fluidization state of ultrafine powders [J]. Journal of chemical engineering of Japan,1988,21(1):41-46.

[119] MATSUDA S, HATANO H, MURAMOTO T, et al. Modeling for Size Reduction of Agglomerates in Nanoparticle Fluidization [J]. AIChE journal, 2004, 50 (11):2763-2771.

[120] IWADATE Y, HORIO M. Prediction of agglomerate size in bubbling Fluidized Beds of group C powders[J]. Powder technology,1998,100(2-3):223-236.

[121] YANG Y. Experiments and Theory on Gas and Cohesive Particles Flow Behavior and Agglomeration in the Fluidized Bed System [D]. Chicago: Illinois Institute of Technology,1991.

[122] XU C,ZHU J. Experimental and theoretical study on the agglomeration arising from fluidization of cohesive particles-effects of mechanical vibration [J]. Chemical engineering science,2005,60(23):6529-6541.

[123] 周涛,李洪钟.粘性颗粒流化床中聚团大小的计算模型[J]. 化学反应工程与工艺,1999,15(1):44-49.

[124] 张文斌,祁海鹰,由长福.碰撞诱发颗粒团聚及破碎的力学 分析[J]. 清华大学学报（自然科学版）,2002,42(12): 1639-1643.

[125] ZHOU T, LI H Z. Force balance modelling for agglomerating fluidization of cohesive particles[J]. Powder technology,2000,111(1-2):60-65.

[126] 周涛.粘性颗粒聚团流态化实验与理论研究[D].北京:中国 科学院化工冶金研究所,1998.

[127] SUBERO J, GHADIRI M. Breakage patterns of agglomerates [J]. Powder technology, 2001, 120 (3): 232-243.

[128] SUBERO J, NING Z, GHADIRI M, et al. Effect of interface energy on the impact strength of agglomerates [J]. Powder technology,1999,105(1-3):66-73.

[129] SUBERO J, PASCUAL D, GHADIRI M. Production of agglomerates of well-defined structures and bond properties using a novel technique [J]. Chemical engineering research and design,2000,78(1):55-60.

[130] NING Z, BOEREFIJN R, GHADIRI M, et al. Distinct element simulation of impact breakage of lactose agglomerates[J]. Advanced powder technology, 1997, 8 (1):15-37.

[131] BOEREFIJN R, NING Z, GHADIRI M. Disintegration of weak lactose agglomerates for inhalation applications[J]. International journal of pharmaceutics, 1998, 172 (1-2): 199-209.

[132] VERKOEIJEN D, MEESTERS G, VERCOULEN P, et al. Determining granule strength as a function of moisture content[J]. Powder technology,2002,124(3):195-200.

[133] SAMIMI A, GHADIRI M, BOEREFIJN R, et al. Effect of structural characteristics on impact breakage of agglomerates[J]. Powder technology, 2003, 130 (1-3): 428-435.

[134] SAMIMI A, MORENO R, GHADIRI M. Analysis of impact damage of agglomerates:Effect of impact angle[J]. Powder technology,2004,143-144:97-109.

[135] GORHAM D A, SALMAN A. The failure of spherical particles under impact[J]. Wear,2005,258:580-587.

[136] SALMAN A, GORHAM D, VERBA A. A study of solid

particle failure under normal and oblique impact[J]. Wear, 1995,186-187:92-98.

[137] SALMAN A, FU J, GORHAM D, et al. Impact breakage of fertiliser granules [J]. Powder technology, 2003, 130 (1-3):359-366.

[138] SALMAN A, REYNOLDS G, HOUNSLOW M. Particle impact breakage in particulate processing [J]. KONA powder and particle journal,2003,21:88-99.

[139] SALMAN A, REYNOLDS G, FU J, et al. Descriptive classification of the impact failure modes of spherical particles[J]. Powder technology,2004,143-144:19-30.

[140] FU J, ADAMS M, REYNOLDS G, et al. Impact deformation and rebound of wet granules [J]. Powder technology,2004,140(3):248-257.

[141] FU J, CHEONG Y, REYNOLDS G. An experimental study of the variability in the properties and quality of wet granules[J]. Powder technology,2004,140(3):209-216.

[142] FU J, REYNOLDS G K, ADAMS J, et al. An experimental study of the impact breakage of wet granules [J]. Chemical engineering science, 2004, 60 (14): 4005-4018.

[143] 徐泳,孙其诚,张凌,等. 颗粒离散元法研究进展[J]. 力学进展,2003,33(2):251-260.

[144] CUNDALL P,STRACK D. A discrete numerical model for granular assemblies[J]. Geotechnique,1979,29:47-65.

[145] 王泳嘉,邢纪波. 离散单元法及其在岩土力学中的应用 [M]. 沈阳:东北大学出版社,1999.

[146] 张锐. 基于离散元细观分析的土壤动态行为研究[D]. 长春:

吉林大学,2005.

[147] 翟力欣,姬长英. 基于离散单元法的土壤力学接触模型的建立[J]. 江西农业学报,2008,20(9):108-111.

[148] 张锐,李建桥,周长海,等. 推土板表面形态对土壤动态行为影响的离散元模拟[J]. 农业工程学报,2007,23(9):13-19.

[149] 孙鹏,高峰,贾阳,等. 月球车车轮与月壤交互作用的离散元仿真[J]. 机械设计与制造,2008(10):75-77.

[150] THORNTON C, YIN K K, ADAMS M J. Numerical simulation of the impact fracture and fragmentation of agglomerates[J]. Journal of physics D: applied physics, 1996,29:424-435.

[151] KAFUI D, THORNTON C. Numerical simulation of impact breakage of a spherical crystalline agglomerate[J]. Powder technology,2000,109(1-3):113-132.

[152] THORNTON C, LIU L. How do agglomerates break? [J]. Powder technology,2004,143-144:110-116.

[153] LIU L, KAFUIK D, THORNTON C. Impact breakage of a spherical, cuboidal and cylindrical agglomerates [J]. Powder technology,2010,199:189-196.

[154] MORENO R, GHADIRI M, ANTONY S J. Effect of the impact angle on the breakage of agglomerates: a numerical study using DEM[J]. Powder technology,2003,130(1-3): 132-137.

[155] LIAN G P, THORNTON C, ADEMS M J. A theoretical study of the liquid bridge forces between two rigid spherical bodies [J]. Journal of colloid and interface science,1993,161(1):138-147.

[156] LIAN G P, THORNTON C, MICHAEL J. Discrete

particle simulation of agglomerate impact coalescence[J]. Chemical engineering science,1998,53(19):3381-3391.

[157] 李凤生. 超细粉体技术[M]. 北京:国防工业出版社,2000.

[158] 曹茂盛. 超细颗粒制备科学与技术[M]. 北京:国防工业出版社,2006.

[159] 陶珍东,郑少华. 粉体工程与设备[M]. 北京:化学工业出版社,2010.

[160] 盖国胜,马正先,胡小芳. 超细粉碎与分级设备进展[J]. 金属矿山,2000(5):30-35,41.

[161] 赵跃民,刘初升. 干法筛分理论及应用[M]. 北京:科学出版社,1999.

[162] 李秋萍,邵国兴. 气流分级技术的进展[J]. 化工装备技术,2002,23(5):10-15.

[163] 冯平仓. 气流分级原理及分级设备的最新发展[J]. 非金属矿,1997,20(6):36-39.

[164] 王京刚,陈炳辰. 超细粉体气力分级设备的现状与发展[J]. 国外金属矿选矿,1997(3):14-19.

[165] 郭殿东,李学舜,谢兵. 附壁效应在稀土抛光粉工艺精密气流分级的应用和推广[J]. 稀土,2001,22(6):54-59.

[166] 段新胜. 环形射流泵射流附壁效应与自吸性能的实验研究[J]. 西部探矿工程,1999,11(5):67-69.

[167] 贾光政,王宣银,吴根茂,等. 高压气动容积减压分级控制原理与特性[J]. 机械工程学报,2005,41(10):210-214.

[168] 吴建明. 我国干式分级理论研究现状[J]. 中国粉体技术(信息资讯版),2005(3):14-16.

[169] 彭景光,房永广,梁志诚. 超细粉体干法分级理论的研究现状及其展望[J]. 化工矿物与加工,2005,34(4):1-3,8.

[170] 吴建明. 干式超细分级设备介绍[J]. 中国粉体技术,2005,

3:23-28.

[171] 王工,汪英. 离心式分级机分级理论与分级效能研究[J]. 沈阳航空工业学院学报,2005(1):27-28,6.

[172] 许建蓉,王怀法. 分级技术和设备的发展与展望[J]. 洁净煤技术,2009,15(2):25-27,60.

[173] 鲁林平. 新型气流筛分装置的研究[D]. 天津:天津科技大学,2005.

[174] 叶京生,刘玲,李占勇,等. 新型气流筛分装置[J]. 天津科技大学学报,2005,20(4):40-43.

[175] 叶京生,侯红运,李晓兰,等. 新型气流筛分机的实验研究[J]. 天津科技大学学报,2006,21(2):46-49.

[176] 何亚群,王海锋,段晨龙,等. 阻尼式脉动气流分选装置的流场分析[J]. 中国矿业大学学报,2005,34(5):574-578.

[177] 段晨龙,何亚群,王海锋,等. 阻尼式脉动气流分选装置分选机理的基础研究[J]. 中国矿业大学学报,2003,32(6):725-728.

[178] 王海锋,宋树磊,何亚群,等. 电子废弃物脉动气流分选的实验研究[J]. 中国矿业大学学报,2008,37(3):379-383.

[179] 贺靖峰,何亚群,段晨龙,等. 脉动气流回收蛭石的实验研究与数值模拟[J]. 中国矿业大学学报,2010,39(4):557-562.

[180] HE J F, HE Y Q, ZHAO Y M. Numerical simulation of the pulsing air separation field based on CFD [J]. International journal of mining science and technology, 2012:22(2):201-207.

[181] HE Y Q, ZHAO Y M, DUAN C L, et al. Classification mechanism and air flow simulation of active pulsing air separation[J]. Journal of Central South University, 2009, 40(5):1199-204.

［182］HE Y Q,ZHAO Y M,DUAN C L,et al. Study on dynamic model of the active pulsing air classification and the application to electronic scraps recycling［C］//XXIV international mineral processing congress. Beijing:Science Press,2008:24-28.

［183］HE Y Q,ZHAO Y M,DUAN C L,et al. Study on dynamic models of active pulsing air separation and their numerical simulation[J]. Journal of China University of Mining and Technology,2008,37(2):157-162.

［184］HE Y Q, DUAN C L, WANG H F, et al. Separation of metal laden waste using pulsating air dry material separator［J］. International journal of environmental science and technology,2011,12(1):73-82.

［185］杨国华. 潮湿煤炭细粒分级技术及其应用[J]. 选煤技术,2000(6):5-6.

［186］杨国华. 潮湿煤炭干法深度分级研究新进展[J]. 中国矿业大学学报,2000,29(2):164-166.

［187］沈延春,杨国华. 振动流化床煤炭干法深度分级新技术的研究[J]. 江苏煤炭,2001,26(2):21-22,52.

［188］杨国华. 振动流化床气力分级机组研究［J］. 矿山机械,2002,30(4):45-46.

［189］杨国华,赵跃明,陈清如. 空气分级与空气重介流化床分选联合工艺研究[J]. 中国矿业大学学报,2002,31(6):596-599,604.

［190］黄忻,刘义伦. 粘性糊料颗粒间的力及其机理分析[J]. 碳素技术,2006,25(5):28-32.

［191］赵海亮,由长福,黄斌,等. 亚微米燃烧源颗粒物间的相互作用研究[J]. 工程热物理学报,2006,27(6):1063-1065.

［192］李向阳,沈明忠,张绪祎. 宽筛分煤粉颗粒间相互作用的数值研究［J］. 工程热物理学报,1999,20(1):111-115.

［193］ISRAELACHVILI JACOB N. Intermolecular and Surface Forces［M］. Orlando:Academic Press,1985.

［194］陈惜明,赵跃民,朱红. 潮湿细粒煤筛分过程中堵孔机理与解决办法［J］. 江苏煤炭,2002,2:33-35.

［195］FISHER R A. On the capillary forces in an ideal soil, correction of formulae given by W. B. Haines［J］. The journal of agricultural science,1926,16(3):492-505.

［196］HOTTA K, TAKEDA K, IINOYA K. Capillary binding force of a liquid bridge［J］. Powder technology,1974,10 (4-5):231-242.

［197］LIAN G, ADAMSAND M, THORNTON C. Elastohydrodynamic collision of solid spheres［J］. Journal of fluid mechanics,1996,311:141-152.

［198］GOLDMAN A J,COX R G,BRENNER H. Slow viscous motion of a sphere parallel to a plane wall（Ⅰ）:motion through a quiescent fluid ［J］. Chemical engineering science,1967,22(4):637-651.

［199］LIAN G,THORNTON C,ADAMS M J. Discrete particle simulation of agglomerate impact coalescence［J］. Chemical engineering science,1998,53(19):3381-3391.

［200］周涛. 粘性颗粒流化床聚团大小的计算模型［J］. 化学反应工程与工艺,1999,15(1):44 -50.

［201］TIMOSHENKO S P,GOODIER J N. Theory of Elasticity ［M］. London:McGraw Hill Company,1970.

［202］MISHRA B K, THORNTON C. Impact breakage of particle agglomerates［J］. International journal of mineral processing,2001,61(4):225-239.

[203] 张文斌,祁海鹰,由长福. 碰撞诱发颗粒团聚及破碎的力学分析[J]. 清华大学学报(自然科学版),2002,42(12): 1639-1643.

[204] HALLEZ Y. Analytical and numerical computations of the van der Waals force in complex geometries:Application to the filtration of colloidal particles[J]. Colloids and surfaces A:Physicochemical and engineering aspects,2012,414: 466-476.

[205] 陈文敏,张自劭. 煤化学基础[M]. 北京:煤炭工业出版社,1993.

[206] 施忠凯,王新文. 潮湿煤颗粒间液桥力的理论研究[J]. 选煤技术,2001(5):11-13.

[207] 傅贵,秦凤华,阎保金. 我国部分矿区煤的水润湿性研究[J]. 阜新矿业学院学报(自然科学版),1997,16(6): 666-669.

[208] 付万军,解兴智,梁春豪. 煤水平衡接触角的影响因素研究[J]. 煤炭科学技术,2002,30(2):58-59,57.

[209] 韩德馨. 中国煤岩学[M]. 徐州:中国矿业大学出版社,1996.

[210] 施忠凯,王新文. 潮湿煤颗粒间液桥力的理论研究[J]. 选煤技术,2001,10(5):11-13.

[211] 张明清,刘炯天,李小兵. 煤泥水中黏土颗粒对钙离子的吸附实验研究及机理探讨[J]. 中国矿业大学学报,2004,33(5):547-551.

[212] 张明青,刘炯天,刘汉湖. 水质硬度对煤和蒙脱石颗粒分散行为的影响[J]. 中国矿业大学学报,2009,38(1):114-118.

[213] 刘炯天,张明青,曾艳. 不同类型黏土对煤泥水中颗粒分散

行为的影响[J]. 中国矿业大学学报,2010,39(1):59-63.

[214] 董勇,齐国杰,崔琳,等. 循环流化床烟气脱硫工艺中颗粒增湿团聚现象的分析[J]. 动力工程,2009,29(7):671-675.

[215] 骆仲泱,吴学成,王勤辉. 循环流化床中颗粒旋转特性[J]. 化工学报,2005,56(10):1869-1874.

[216] WU X C, WANG Q H, LUO Z Y, et al. Rotation speed measurement of moving particles in a CFB riser [J]. Particuology,2009,7(4):238-244.

[217] WU X C, WANG Q H, LUO Z Y, et al. Experimental study of particle rotation characteristics with high-speed digital imaging system[J]. Powder technology,2008,181(1):21-30.

[218] LIAN G, THORNTON C, ADAMS M J. A theoretical study of the liquid bridge forces between two rigid spherical bodies [J]. Journal of colloid and interfacescience,1993,161(1):138-147.

[219] LIAN G. Computer simulation of moist agglomerate collisions[D]. Birmingham:Aston University,1994.

[220] MIKAMI T, KAMIYA H, HORIO M. Numerical simulation of cohesive powder behavior in a fluidized bed [J]. Chemical engineering science, 1998, 53 (10): 1927-1940.

[221] 王福军. 计算流体动力学分析:CFD 软件原理与应用[M]. 北京:清华大学出版社,2004.

[222] 张兆顺,崔桂香. 流体力学[M]. 3 版. 北京:清华大学出版社,2015.

[223] 肖志祥,李凤蔚,鄂秦. 湍流模型在复杂流场数值模拟中的应用[J]. 计算物理,2003,20(4):335-340.

［224］任志安,郝点,谢红杰.几种湍流模型及其在 FLUENT 中的应用[J].化工装备技术,2009,30(2):38-40,44.

［225］岑可法,樊建人.工程气固多相流动的理论及计算[M].杭州:浙江大学出版社,1990.

［226］谢广元.选矿学[M].徐州:中国矿业大学出版社,2001.

［227］陈锋.潮湿细粒煤炭气流分级机的性能优化试验研究[D].徐州:中国矿业大学,2013.